登場野菜の相性一覧表

		トマト	ナス	ピーマン	キュウリ	カボチャ	スイカ	メロン	トウモロコシ	オクラ	イチゴ	キャベツ	ブロッコリー
果菜類	トマト								険悪ムード			先輩・後輩	
	ナス								険悪ムード	険悪ムード			
	ピーマン												
	キュウリ					険悪ムード	険悪ムード	険悪ムード				先輩・後輩	先輩・後輩
	カボチャ				険悪ムード		険悪ムード	険悪ムード	先輩・後輩				
	スイカ				険悪ムード	険悪ムード		険悪ムード		同郷の友			
	メロン				険悪ムード	険悪ムード	険悪ムード						
	トウモロコシ	険悪ムード	険悪ムード			先輩・後輩							
	オクラ		険悪ムード				同郷の友						
	イチゴ												
葉菜類	キャベツ	先輩・後輩			先輩・後輩								
	ブロッコリー				先輩・後輩								
	玉レタス			先輩・後輩								親友	親友
	リーフレタス			先輩・後輩								親友	親友
	サラダ菜			先輩・後輩								親友	親友
	ハクサイ		先輩・後輩	先輩・後輩									
	葉ネギ	恋人	恋人	恋人	恋人	恋人	恋人	恋人			友達	険悪ムード	
	根深ネギ										友達	険悪ムード	
	タマネギ						先輩・後輩						
	ホウレンソウ												
	ニラ	恋人	恋人	恋人							険悪ムード		
	カラシナ												
	シュンギク											ガードマン	ガードマン
	イタリアンパセリ	ライバル											
	縮れ葉パセリ	険悪ムード											
	菜っ葉類												
	セロリ												
	バジル	ライバル											
	ルッコラ									友達			
根菜類	ダイコン								友達				
	ゴボウ		険悪ムード										
	ニンジン												
	カブ												
	ハツカダイコン				先輩・後輩	先輩・後輩	先輩・後輩	先輩・後輩					
	ショウガ												
	サトイモ								友達				
	ジャガイモ	険悪ムード	険悪ムード	険悪ムード	険悪ムード	険悪ムード	険悪ムード	険悪ムード				険悪ムード	険悪ムード
	サツマイモ								険悪ムード				
豆類	ツルなしインゲン			先輩・後輩			要注意	要注意					
	ツルありインゲン				要注意		要注意	要注意	先輩・後輩				
	エダマメ	親友	友達	友達		友達	友達	友達	先輩・後輩				
	エンドウ		先輩・後輩		先輩・後輩					先輩・後輩			
	ソラマメ							険悪ムード	険悪ムード		友達	親友	
	ラッカセイ	親友	親友										
その他	エンバク				先輩・後輩								
	クリムソンクローバー												
	カモミール												
	マリーゴールド		ガードマン	ガードマン			ガードマン						
	オオムギ				友達	友達	友達	友達					
	コムギ				友達	友達					友達		

- 恋人
- 親友
- 友達
- 同郷の友
- 同級生
- 先輩・後輩
- ガードマン
- サポーター
- ライバル
- 要注意
- 険悪ムード

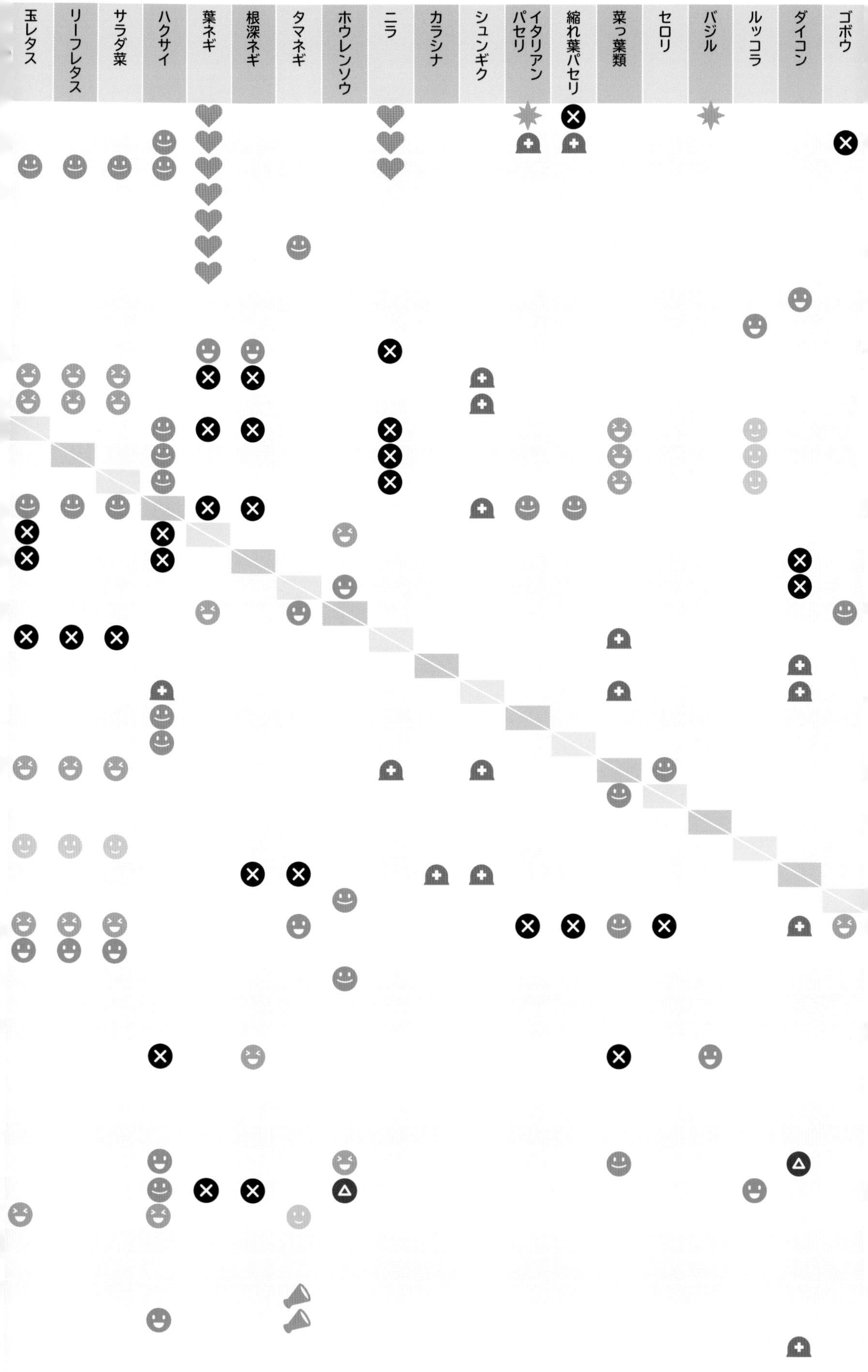

玉レタス
リーフレタス
サラダ菜
ハクサイ
葉ネギ
根深ネギ
タマネギ
ホウレンソウ
ニラ
カラシナ
シュンギク
イタリアンパセリ
縮れ葉パセリ
菜っ葉類
セロリ
バジル
ルッコラ
ダイコン
ゴボウ

ニンジン	カブ	ハツカダイコン	ショウガ	サトイモ	ジャガイモ	サツマイモ	ツルなしインゲン	ツルありインゲン	エダマメ	エンドウ	ソラマメ	ラッカセイ	エンバク	クリムソンクローバー	カモミール	マリーゴールド	オオムギ	コムギ

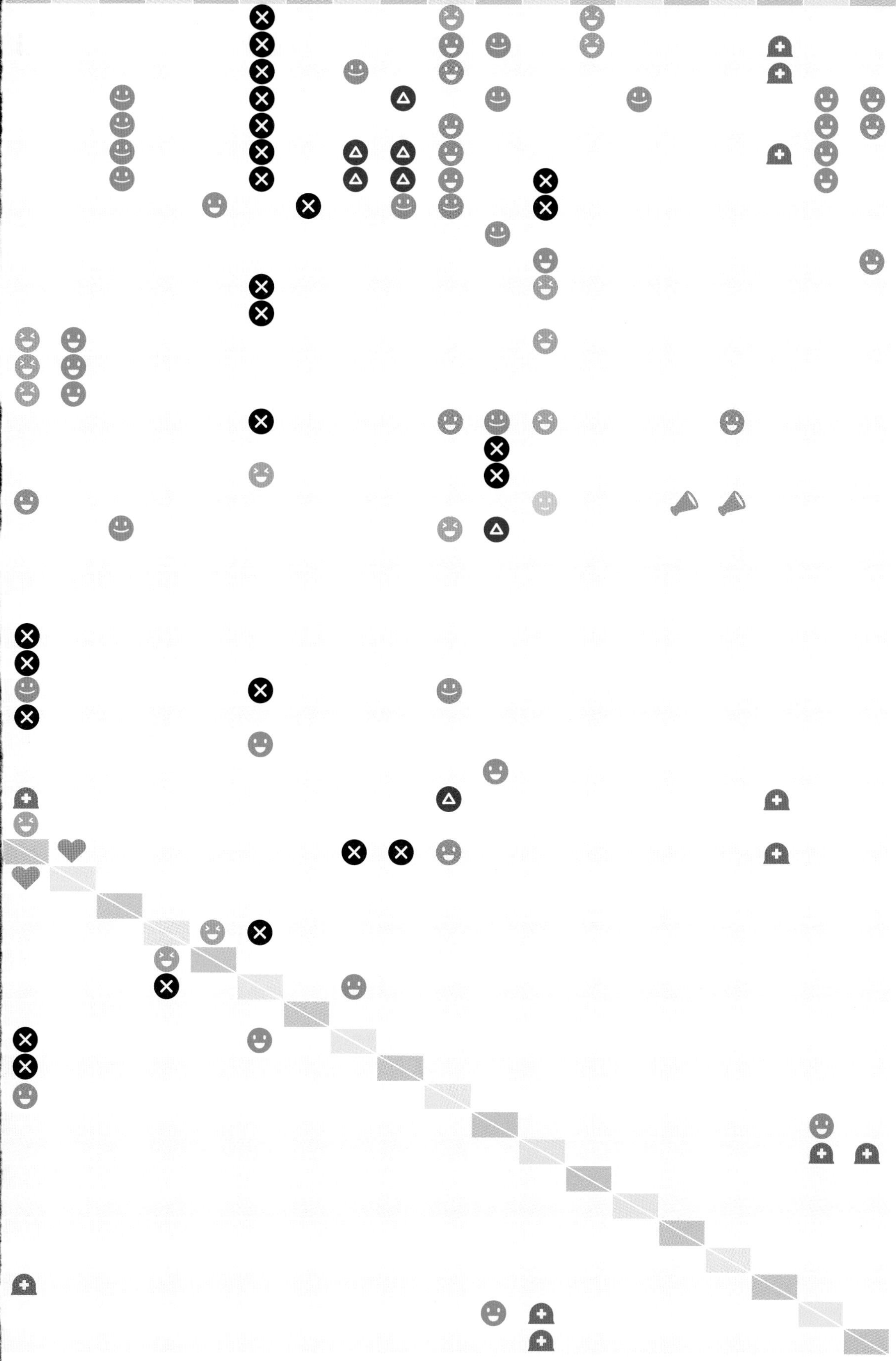

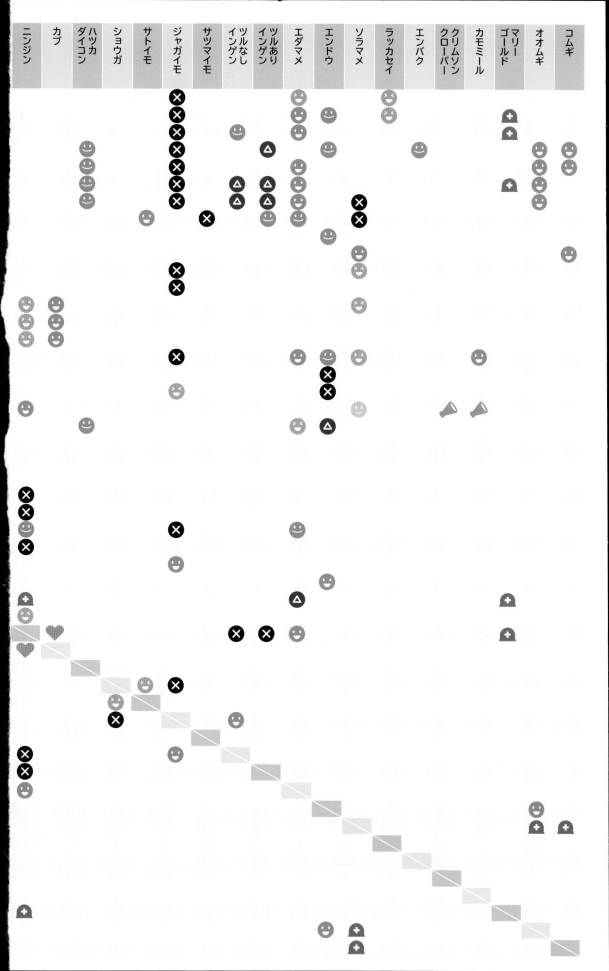

自然菜園流コンパニオンプランツ

野菜の植え合わせ
ベストプラン

竹内孝功 著

本書に登場する
野菜の植え合わせプランは
どんな農法でも、
生育促進や病虫害抑制などの
効果を発揮します。

化学肥料栽培でも
無農薬栽培でも、
もちろん
自然菜園でも。

少量多品目で育てる家庭菜園は〝野菜の植え合わせ〟が有効です

古代から人類は、安定した食料生産を目指して、相性のよい数種類の作物を一緒に育てる「植え合わせ」のパターンを発見してきました。

その理由は、**いろいろな野菜を一緒に育てると、病虫害抑制や生育促進などの〝よい効果〟があるから。**

優れた特性を持つさまざまな品種が開発され、便利な資材に恵まれた現代でも、相性のよい野菜同士を選び、適切な距離とタイミングで育てることは効果的。適切な植え合わせプランを選定すると、酷暑や豪雨などの自然災害の際に野菜同士が助け合い、より健全に、そして自然に育ちます。

目次

第1章

野菜×野菜の植え合わせの法則

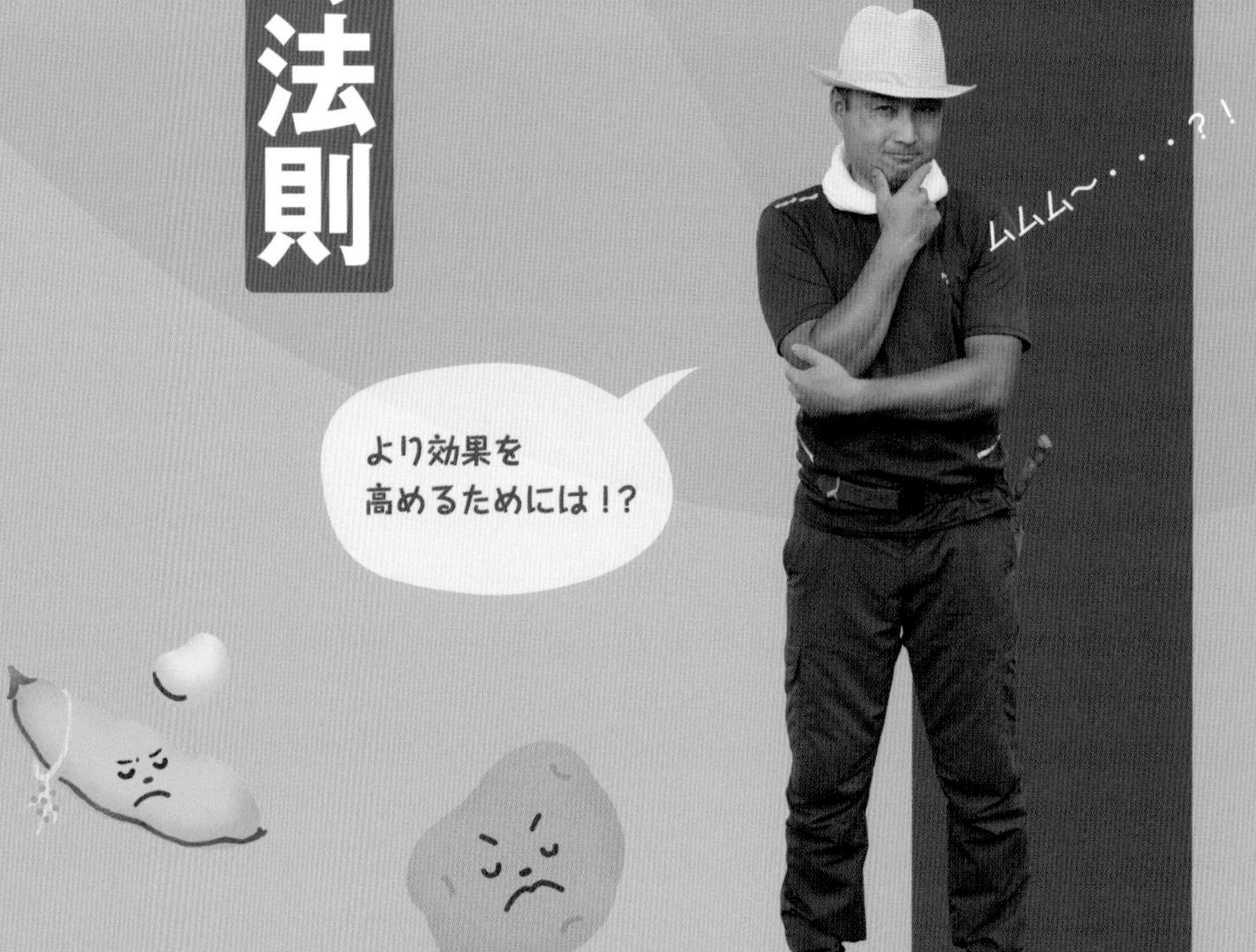
ムムム〜・・・?!
より効果を高めるためには！?

野菜の植え合わせには3つの法則があります。

何種類かの野菜を植え合わせれば、病気や虫の被害を軽減でき、健康な作物を持続的に育てられる

現代農業では、見渡す限りのキャベツ畑など1種類の野菜をまとめて育てる「単一栽培」が一般的です。同じ作物がまとまっていれば、いっぺんに収穫できるなど作業効率がよいからです。

しかし、古代の人々はいろいろな植物を植え合わせる「少量多品作栽培」の方が、病気や虫の被害を軽減でき、健康な作物を持続的に育てられるということを知っていました。

たとえばネイティブアメリカンの人々は、主食のトウモロコシを副食のカボチャ、ツルありインゲンとともに育てることで、何百年もの長期連作を可能にし、環境に過剰な負荷をかけることなく安定した食料生産を持続していました。

トウモロコシ単植では多くの養分と水分を必要とするため、長期的に栽培するとどんどん土が痩せ、不作に見舞われるリスクが高まります。しかし植え合わせることで、トウモロコシの株間を這うカボチャが下草を抑えて乾燥を防ぎ、トウモロコシを上るツルありインゲンがマメ科の特色である根粒菌《こんりゅうきん》の働きによって窒素を固定することで、土が痩せて不作になることを防いでいたのです。

一方、日本古来の植え合わせといえば、柿とミョウガ。春、まだ芽吹いていない柿の木の下、たっぷり太陽を浴びてミョウガが生育を始め、やがて夏になると柿の葉が茂って木陰をつくり、強い日差しが苦手なミョウガを守ってくれます。ミョウガはほかの草が生えるのを抑え、柿の株元を乾燥と病気などから守ります。

現代でも、とくに少量多品目で育てる家庭菜園では、相性を考えて植えることが大切です。また、相性ばかりではなく、植え合わせによる最大効果を発揮するためには、相乗効果を上げるポイントがまだあります。それは、いつ、どのくらいの株間をとって育てるかということ。本書では、そんな植え合わせ成功の3つのポイント「相性」「距離」「タイミング」を押さえた、野菜の植え合わせのコツを解説していきます。

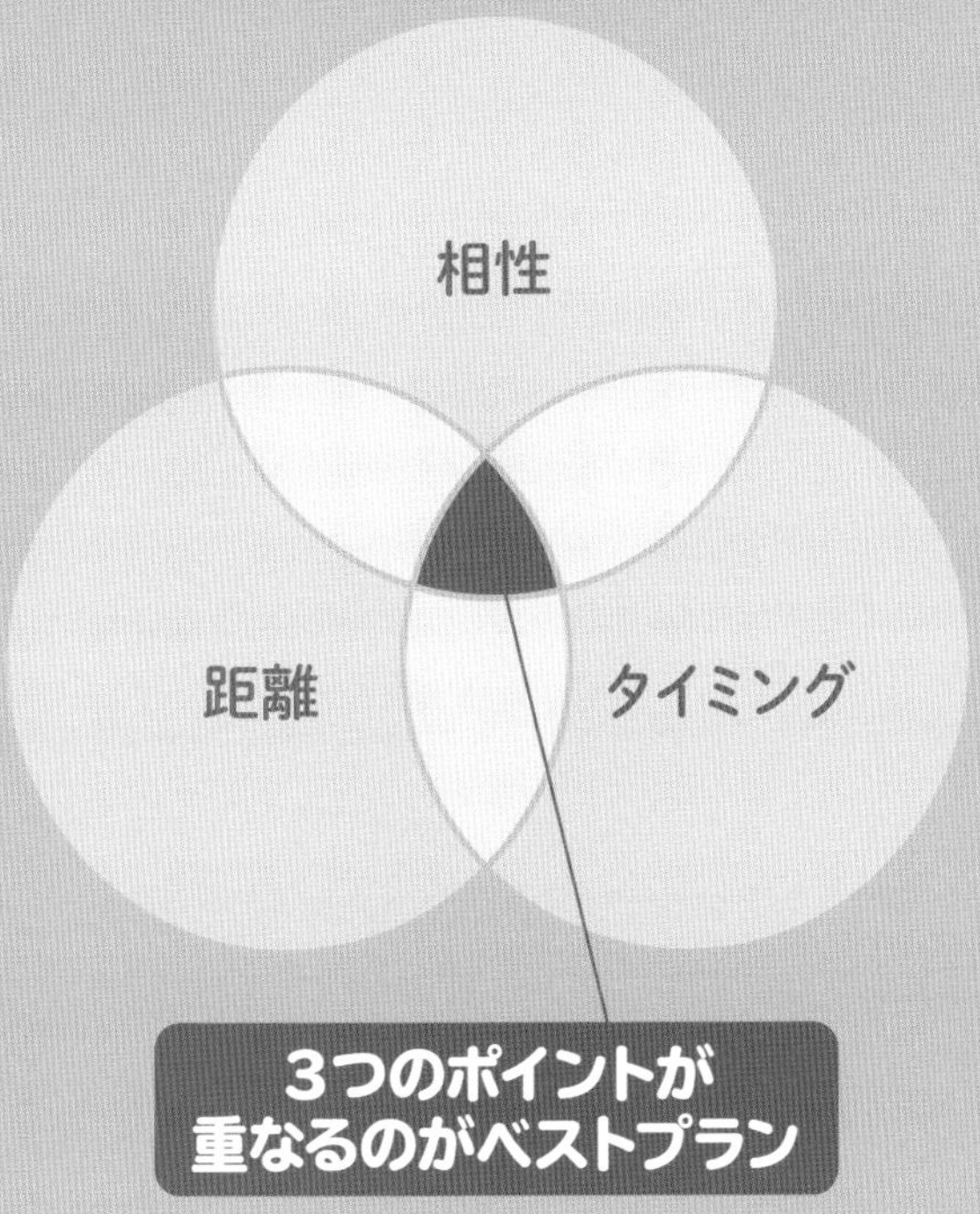

植え合わせの法則1 相性

相性のよいコンビは、ルーツや姿形から見分けられます

野菜のルーツは、世界各地。それぞれ違う環境に適応してきたため、好みも違い、相性を活かせば単独で植えるよりもよく育ちます。たとえば葉の形が、その見分け方のひとつ。細長い切れ葉は乾燥に強く、丸葉は雨の多い地帯で育つなど、お互いに欲しいものが異なるため、水や光をうまく分け合える関係を示しています。浅い根、深い根など、根を張るエリアの違いもケンカをしづらいポイントです。

94ページ～

ニンジンは乾季モードに入ってから雨が多いと割れやすいが、隣に育つカブは水が好きで、余分な水分を吸い、葉から蒸散させて逃がしてくれる。ニンジンの葉の強い香りがカブの虫よけ効果になり、お互いの生育を促進。

112ページ～

マメ科とイネ科もベストコンビになれる組み合わせが多い。イネ科のムギが余分な養分を吸ってエンドウの病虫害を防いでくれる。エンドウの根に共生する根粒菌の働きで、ムギの生育もよくなる。

64ページ～

アブラナ科とキク科は相性がよいものが多い。キャベツとレタスはお互いに求める窒素のカタチが異なるため、養分の奪い合いでケンカにならず、窒素の吸いすぎによる「メタボ」になるのを防ぎ合う親友。レタスが虫よけ効果も発揮。

植え合わせの法則2

距離

恋人なら至近距離がいいけれど、ライバルと近すぎるのはツライ！

恋人、親友、ライバルなど、野菜の関係性もさまざま。ナスとニラのように至近距離で根を絡ませ合って育つ恋人同士なのか、トマトとバジルのようにほどよい距離で仲良く共存できるライバルなのか、関係性によって植える距離を変えることも大切です。どんなに相性がよくても、距離が狭すぎると風通しが悪く、日が当たらずお互いのびのび育たず、距離がありすぎると効果半減です。

恋人

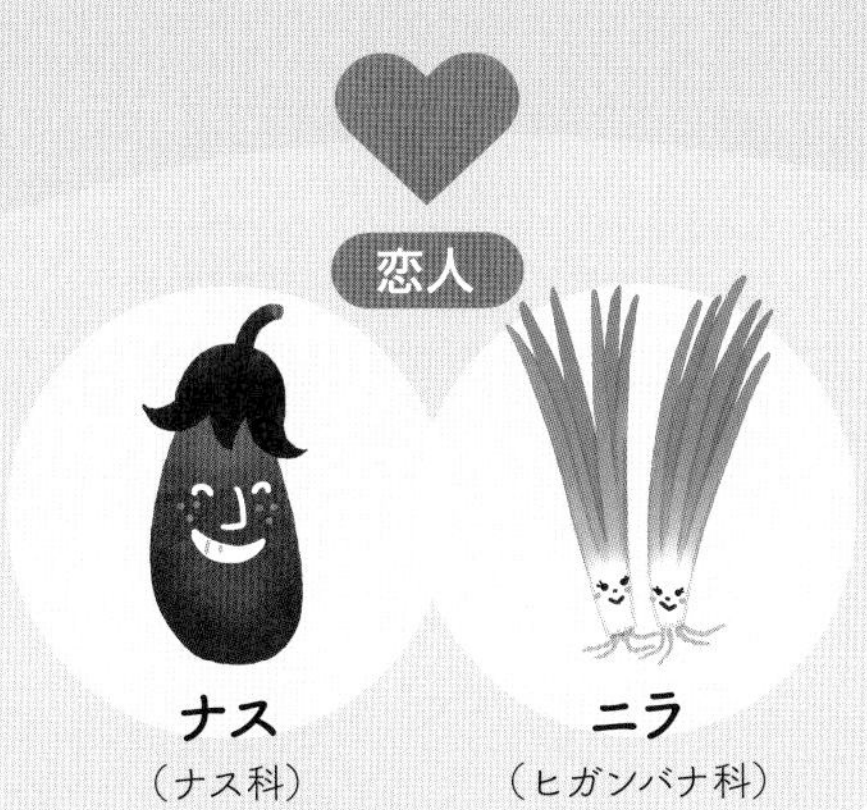

ナス（ナス科）　ニラ（ヒガンバナ科）

ピッタリ（0㎝）

22ページ～

ひとつの植え穴に一緒に苗を入れる「恋人植え」にすることで、根が絡み合って育つ。ニラの根に共生する微生物の働きで消毒効果があり、ナスの病気を防ぐ。

同郷の友

スイカ（ウリ科）　オクラ（アオイ科）

50㎝

40ページ～

どちらも熱帯の砂漠出身で、雨季と乾季に適応するため深い根を発達させたため、似た環境を好む。スイカがオクラの陰にならないよう、50㎝程度離して育てるとうまくいく。

ライバル

トマト（ナス科）　バジル（シソ科）

25～40㎝

16ページ～

トマトとバジルは、よきライバルになれる関係。ただし、バジルの方が生育旺盛なので、トマトが負けないよう株間25～40㎝を厳守。トマト苗が活着してから、小さめのバジル苗を植える時間差植えもポイント。

植え合わせの法則3

タイミング

出会いのシチュエーションも重要

いつ、どんなタイミングで野菜同士が出会うのか。そんなタイミングも重要です。たとえばトウモロコシを育てる畑にひと足早く〝畑の盛り上げ役〟のエダマメをまいておくと、マメ科の根に共生する根粒菌の働きで窒素が固定され、土がにぎやかに活性化。あとから育てるトウモロコシの生育が促進され、マメ科とイネ科の相性のよさを最大限に活用できます。

トウモロコシ（イネ科）

エダマメ（マメ科）

46ページ～

エダマメをトウモロコシよりも半月早くまいておくと、マメ科の根に共生する根粒菌の働きで土が活性化し、トウモロコシが育ちやすくなる。

ハクサイ（アブラナ科）

ナス（ナス科）

58ページ～

秋、ナスの株間にハクサイを植えると、ナスが残暑の日差しを防いでくれて、幼いハクサイがすくすく育つ。晩秋、ナスを片付けると、ハクサイによく日が当たり、のびのび育つ。

キュウリ（ウリ科）

ハツカダイコン（アブラナ科）

34ページ～

キュウリを植える1か月前、周囲にハツカダイコンのタネをまいておくと、ハツカダイコンの辛味成分とにおいでウリハムシなどの害虫よけになる。

やってはいけない植え合わせ

NG

相性のよくない野菜同士は、近くで育てるとどうしてもうまくいかない。病虫害が出ていなければ50㎝以上離せば基本的には大丈夫だが、相性の悪い組み合わせは避け、相性のよい野菜を隣同士にしよう。

“野菜界のアウトロー”ジャガイモ × ほとんどの野菜

ジャガイモ
（ナス科）

ジャガイモは、古代アンデスの痩せ地で隔離栽培されていた孤高の作物。同じナス科はもちろん、ウリ科全般、一部のアブラナ科とも相性が悪く、キャベツやハクサイなどをそばで育てると結球しなくなる。ショウガとの相性も最悪。唯一、ネギとは相性が最高によく、混植も交互連作もOK。

インゲン × センチュウ被害がある畑

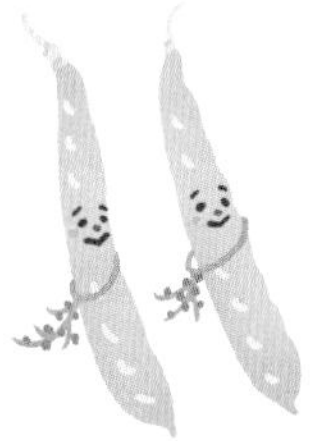

インゲン
（マメ科）

わずか1㎜ほどの吸汁性害虫、センチュウは、農作物に大きな被害を及ぼすことがある。そんなセンチュウの被害を拡大させるのがインゲン。センチュウがいるかどうかは、実際に野菜を育ててみないとわからないので、1年目の市民農園などではインゲンを避けた方がよい。ナス、スイカ、ニンジンなどセンチュウ被害を受けやすい野菜とインゲンの植え合わせはとくに要注意。

同じ科同士

ナス
（ナス科）

トマト
（ナス科）

ナス科同士、ウリ科同士など、同じ科の野菜の植え合わせは基本的によくない。その理由は、同じ養分を欲しがるためケンカになりやすく、病虫害も共有しやすく爆発的な増殖につながる恐れがあるから。さらにメロンとキュウリなどウリ科同士は、味が劣化する。ただし、マメ科のエダマメやラッカセイ、イネ科のムギなど、相性のよい野菜を株間に加えるとうまくいく。

形状が似ている野菜同士

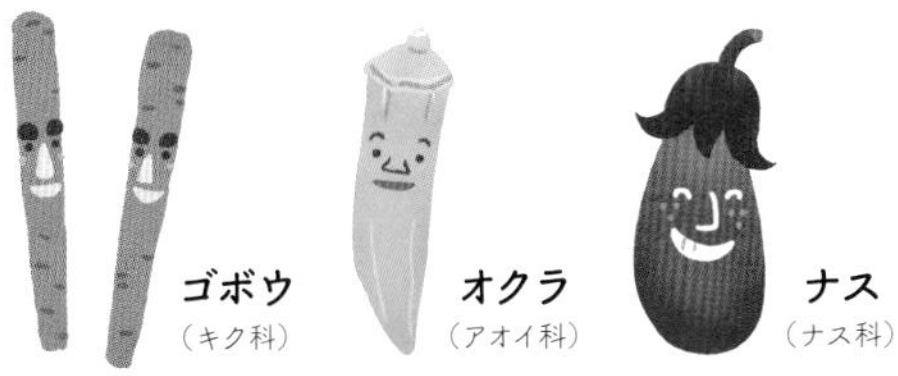

ゴボウ
（キク科）

オクラ
（アオイ科）

ナス
（ナス科）

たとえ科が違っていても、根や地上部の形状が似ている野菜同士は相性がよくない。たとえば、ゴボウ（キク科）、オクラ（アオイ科）、ナス（ナス科）は、すべて太い直根を持つゴボウ根のため最悪の相性。地中では同じエリアで養分を奪い合い、地上では光を奪い合う。

第2章

植え合わせベストプラン 実践編

太陽が大好きな野菜、
逆に日陰でも大丈夫な野菜、
水が大好き、乾燥に強い、
大食漢、痩せ地でもＯＫ……など、
野菜によって性質はさまざま。
そんな個性を
うまく組み合わせることで、
野菜たちの「本気」を引き出す、
植え合わせベストプランを大公開！
病害虫を遠ざけ、
よりおいしい野菜を
育てることができます。

ベストプラン
1
トマト

じめじめした日本の夏が苦手。消毒効果のあるニラと「恋人植え」に

じめじめした
気候は苦手
なのよね～

日光大好き。陽気な南米ガール

雨がほとんど降らず、カラッとした気候の南米アンデス出身。茎にビッシリ生えている産毛で、朝露などのわずかな水分も逃さずキャッチできる。一方、高温多湿の日本の夏は苦手なので、風通しをよくするために支柱栽培や、ビニールで覆う雨よけ栽培が一般的になった。

親友

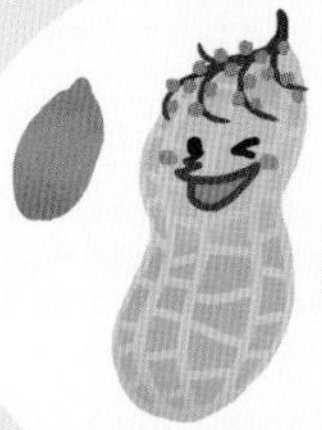

ラッカセイ

畑を盛り上げるお祭りボーイ

トマトと同じアンデス山脈出身。根に共生する微生物が土をにぎやかにする、陽気な「お祭りボーイ」。横に広がって「生きた草マルチ」となり、トマトを地上でも地下でも支えてくれる、無二の親友。乾燥気味の畑でトマトの株間に植える。

ライバル

バジル

トマトとケンカするほど仲がよいよきライバル

南アジア出身。養分や水分をぐいぐい吸って、トマトのやる気を引き出すよきライバル。さわやかな香りが好まれる、イタリア料理に欠かせないハーブ。蚊よけに利用されるなど、強い香りで多くの虫には嫌われている。トマトの日陰で葉がやわらかくなる。トマトの株間がちょうどいい。

ライバル

イタリアンパセリ

同じパセリでも縮葉系はトマトに負ける

地中海地方出身。バジルと同じく、養分や水分を吸って、トマトのやる気を引き出すよきライバル。バジルと同じく、やっぱり強い香りで虫たちには嫌われている。トマトの株間がおすすめ。

恋人

ニラ（葉ネギでもOK）

野菜界のお医者さん

東アジア出身。トマトを守る恋人。トマトと根を絡ませて育ち、根に共生する拮抗菌が分泌する抗生物質の働きによって、病気を予防する。トマトの植え穴に一緒に植えるのがコツ。

トマトが病気にならないようニラが守ってくれる

南米アンデス出身のトマトは、きわめて雨の少ない故郷の乾燥した気候に合わせて進化。野生ではブッシュ状に広がることで、自分の株元を乾燥から守るとともに、産毛を発達させることで、朝露などわずかな水分を逃さず吸収する力を高めてきました。

そんな乾燥地で生き残るための能力が、高温多湿の日本ではかえって欠点に……。じめじめした日本の夏は、病気になりやすいとともに雨が降ると裂果し、味が薄くなります。

日本の気候にもともと合わないトマトのすぐそばで、根を絡ませ合って支えてくれる恋人が、野菜界のドクターことニラ。ニラの根に共生する拮抗菌《きっこうきん》が抗生物質を分泌し、トマトを連作障害や病気から遠ざけてくれます。

また、ほどよい近さでトマトを支えてくれる親友が、同じくアンデスからやってきたラッカセイ。地面を覆うように横に広がって育つラッカセイが、過度の乾燥から守り、病気のもとである雨の泥はね返りも防いでくれます。さらにマメ科のラッカセイの根に共生する微生物の働きで土を活性化し、トマトの生長を助けてくれます。

そのほか、バジルとイタリアンパセリは、トマトとよきライバル（好敵手）関係で、切磋琢磨しておいしく育つ間柄。どちらも養分や水分をぐいぐい吸い、トマトのやる気を引き出します。植え合わせのポイントは適度な距離。トマトから25～40㎝の距離をとることで、〝永遠のライバル〟として繁栄しあいます。ちなみにパセリの仲間でも、縮れ葉パセリはトマトの樹勢に負けやすいので不向きです。

ミニ、中玉、大玉まで、すべてのトマトで応用できる植え合わせのノウハウです。

ジャガイモ

孤高の開拓者でアウトロー

アンデス山脈の高地出身。痩せ地でもよく育つ孤高の開拓者で、ほとんどの野菜と仲良くできないアウトロー。故郷アンデスの古代都市マチュピチュでは、ほかの作物が混ざらないように隔離して育てられていた。トマトとの相性はとくに最悪で、混植はもちろん前後作も厳禁。

トウモロコシ

どんどん伸びる頑張り屋さん

中央アメリカ出身。日当たりと水はけのよい畑が好み。1m以上の深さまで根を張り、貪欲に養分を吸い上げる頑張り屋さん。だが、背が高くなり、日陰をつくるので、トマトに迷惑をかける。（トマトが負けて育たなくなってしまう）。

エダマメ

元水田で大活躍！　畑の盛り上げ役

東アジア出身。ラッカセイと同じく、根に共生する根粒菌が空気中の窒素を固定し、土をにぎやかにする畑の盛り上げ役。元田んぼなど粘土の土壌では、ラッカセイに代わってトマトの親友になれる。トマトの株間に極早生品種のエダマメを植えるとどんどん水を吸ってくれる。

これがトマトの植え合わせベストプラン

解　説

トマトの苗を植える際、同じ穴にニラを一緒に植える。植えつけてから１週間ほど、トマトの根が活着するのを待って、ひと回り小さいバジルの苗を株間に植える。トマトとバジルを同時に植えると、トマトが負けやすい。また、トマトとバジルは25～40㎝の株間を厳守！ これはお互いに「よきライバル」として戦える距離。近すぎるとトマトが負けやすく、遠すぎると競えない。バジルの代わりにイタリアンパセリでもＯＫ。畝の中央にはラッカセイを植え、晩秋の収穫までそのままにすると、生きた草マルチになってくれる。

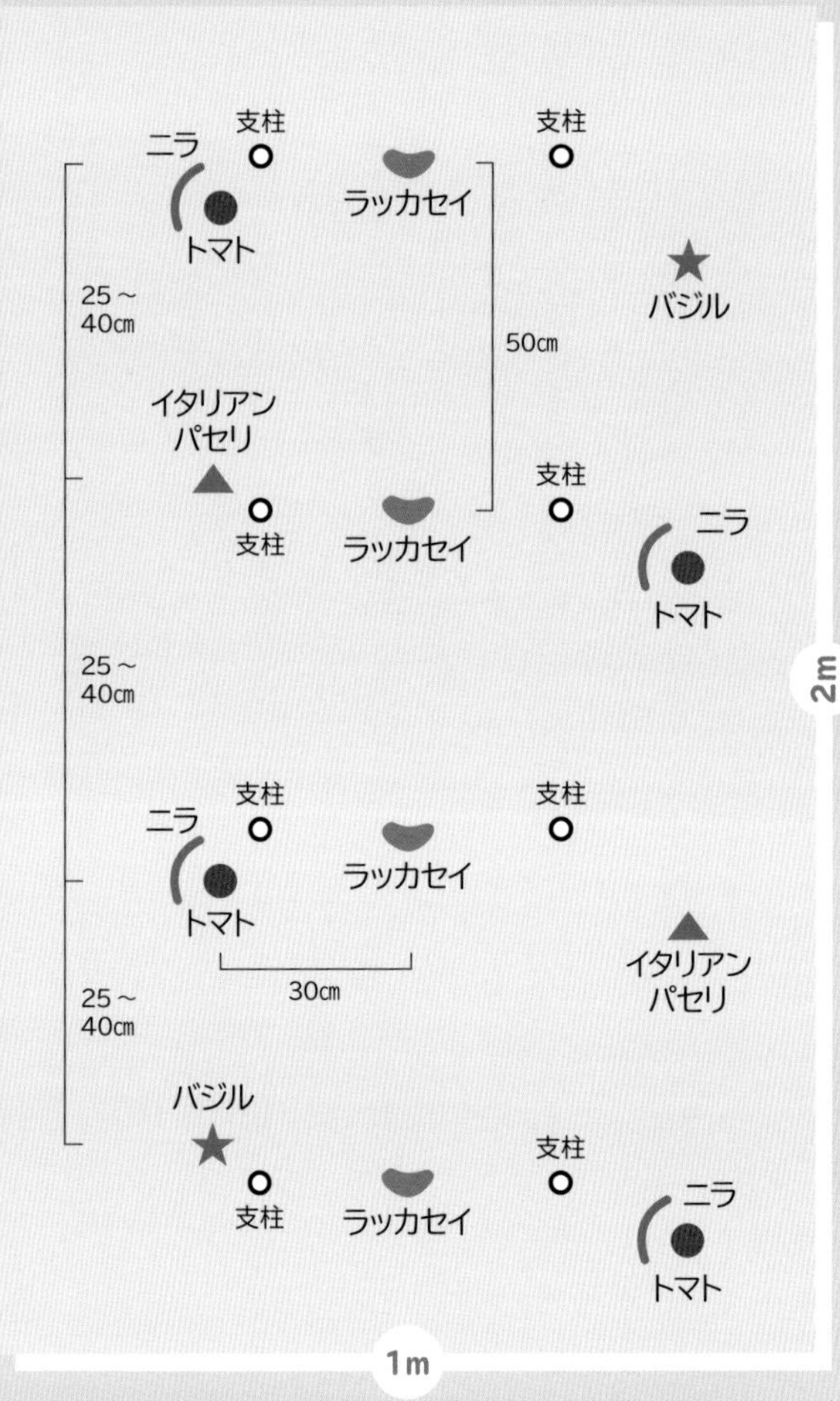

このあとのベストプランはこれ！

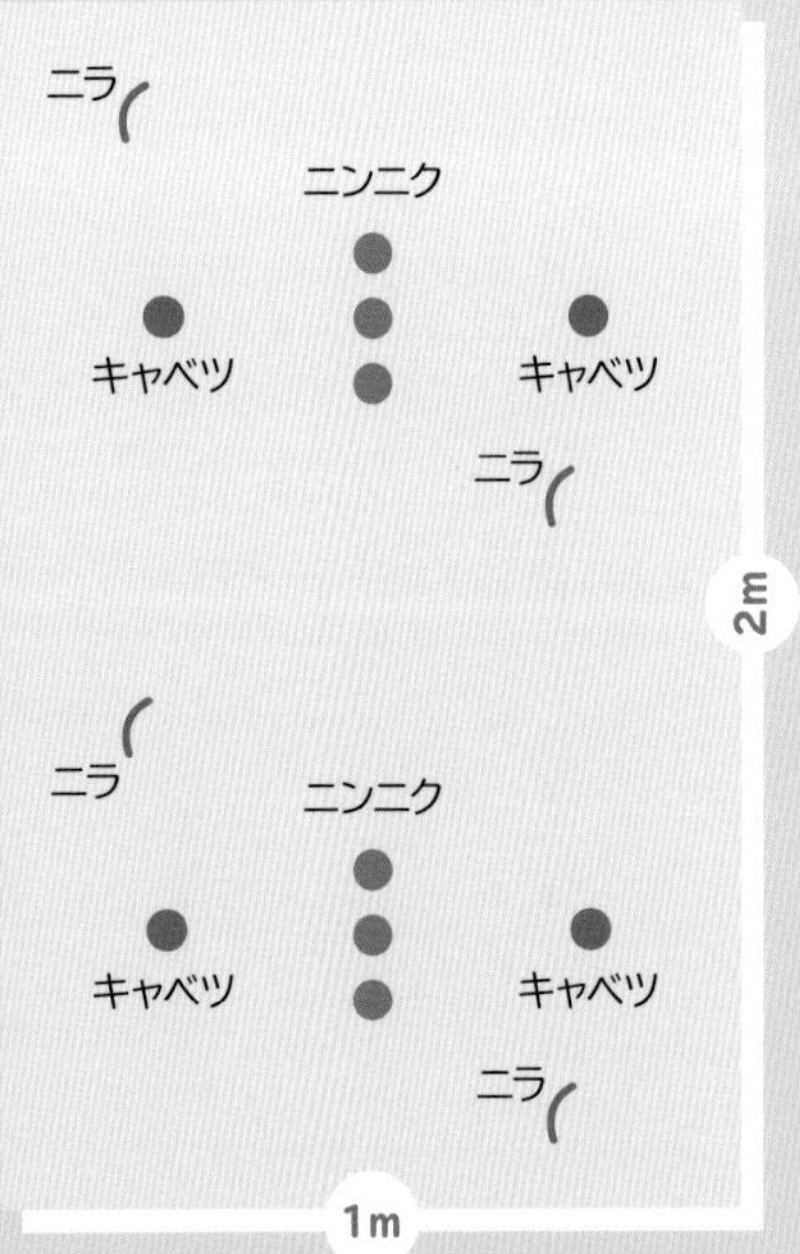

トマトとキャベツは先輩と後輩の関係。トマト→キャベツ→トマト……と交互に育てることで、毎年どんどん育ちがよくなる。ニンニクがトマトの連作障害を予防。翌年はバジル、イタリアンパセリとトマトの位置を逆にする。

✕ NGプラン

トマトとトウモロコシの植え合わせはＮＧ。トウモロコシが日陰をつくり、トマトが元気をなくしてしまう。そのほか、同じナス科の中でも、病虫害が共通のジャガイモとの相性が最悪。

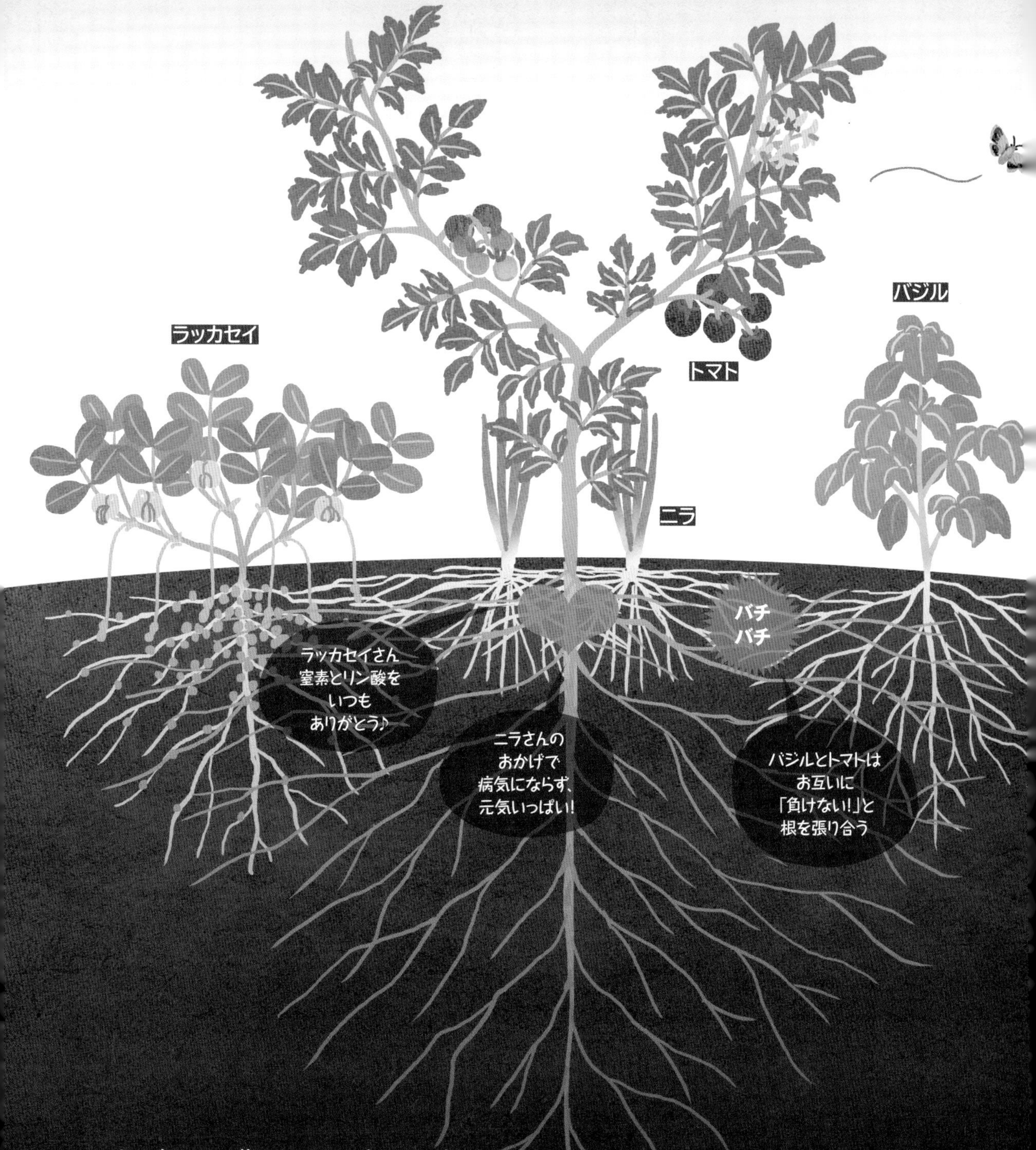

地中では何が起こっているの？

よきライバルのトマトとバジルは、地中で養分や水分を求めて追いかけっこ。競い合うことでお互いがより「本気」を出し、根を深くまで伸ばして強くなり、トマトは味が濃厚になる。ラッカセイの根は、共生する菌根菌が遠くのリン酸を引き寄せ、根粒菌の働きで空気中の窒素が固定される。トマトの根は養分を求めてラッカセイの根に近づいていき、トマトにも養分が供給されやすくなる。ニラの根に共生する微生物は抗生物質を分泌して、トマトを病気からガード。

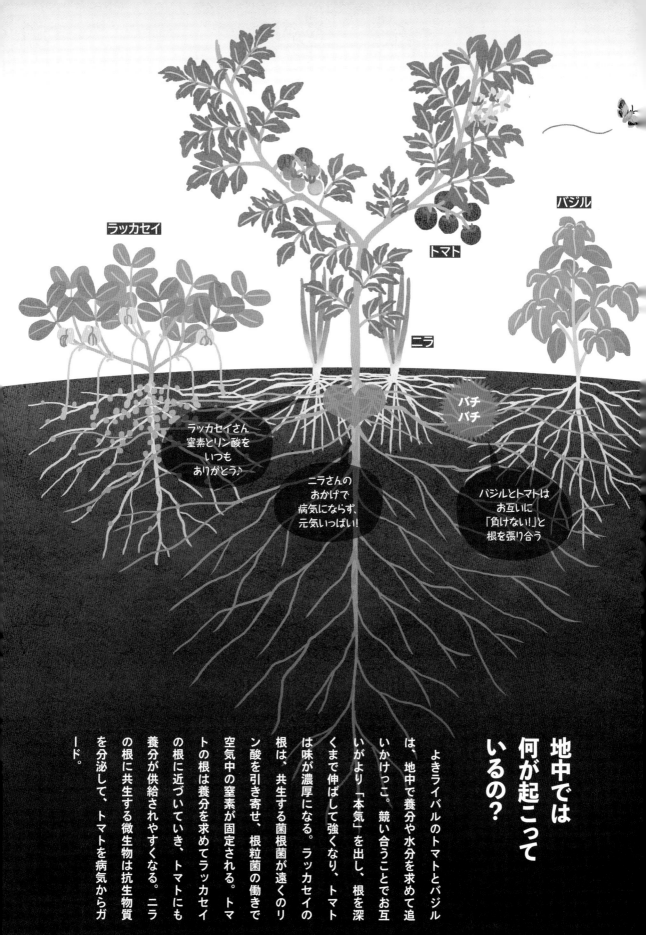

自然菜園流

おいしいトマトを育てるコツ

植えつけ　5月上旬～中旬

支柱をしっかり立て、ニラの上にトマト苗を置いて植える。
ニラの葉や根が長かったら切って使う。

ニラとトマトを ひとつの穴に「恋人植え」

ニラは葉と根を10㎝くらいずつ残して切り、植え穴に２本ずつ置く。その上にトマト苗を置いて植えると根が絡み合って育つ。トマト苗は双葉がまだ元気な若い苗がベスト。トマトは乾燥と高温を好むので、やや浅植えにする。ポイントは、植え合わせのバジルを同時に植えないこと。とくに大玉トマトはバジルと一緒に植えると負けやすいので、トマトを植えつけてから１週間ほど経ち、トマトが活着してから25～40㎝離れたところに、ひと回り小さいバジルの苗を植える。

生育初期　6-7月

自然菜園では草を刈って敷く。
「草マルチ」で、夏の乾燥や大雨から守ってくれる。

夏の日照りや大雨に 備えて草マルチ

アンデスの野生のトマトはブッシュ状に地面を覆い、自ら根がよく育つようにしている。そのため、一般的な支柱栽培では、夏の日照りの到来に備えて、人の手による根がよく育つための対策が必要。自然菜園では草を刈って敷く「草マルチ」によって、日照りや少雨、大雨でダメージを受けないように備える。草マルチの方法は、トマトのいちばん外側の葉から15㎝離れたところまでの草を刈って敷く。梅雨明けまでは株元を草で覆わず土を太陽に当てて温め、梅雨が明けたら畝全体の草を根元から刈り、株元にも敷く。草マルチをたっぷりすることで、ニラ、ラッカセイ、バジルの根がともによく育つ。

赤いトマトは雨が降る前に全部収穫しよう。

バジルは先端を摘んで収穫すると、トマトの実つきがよくなる。

収穫　7中旬-10月

バジルをこまめに収穫すると トマトが「本気」を出す！

バジルの収穫は、葉だけを摘むのではなく、頂上を摘芯するように収穫。収穫すると勢いが弱まるので、トマトが優勢になり、実つきがよくなる。また、バジルは収穫するたびにわき芽がどんどん出てきて大きくなり、香りが強く出るので、トマトの虫よけ効果が高まる。トマトは雨が降ると裂果しやすく、味が薄くなるので、できるだけ雨が降る前に赤い実をすべて収穫する。ちなみにバジルがたくさん採れた場合、葉菜類の畝の草マルチとして敷いておくと虫よけに効果的。

栽培スケジュール

● タネまき　▲ 植えつけ　▬ 収穫

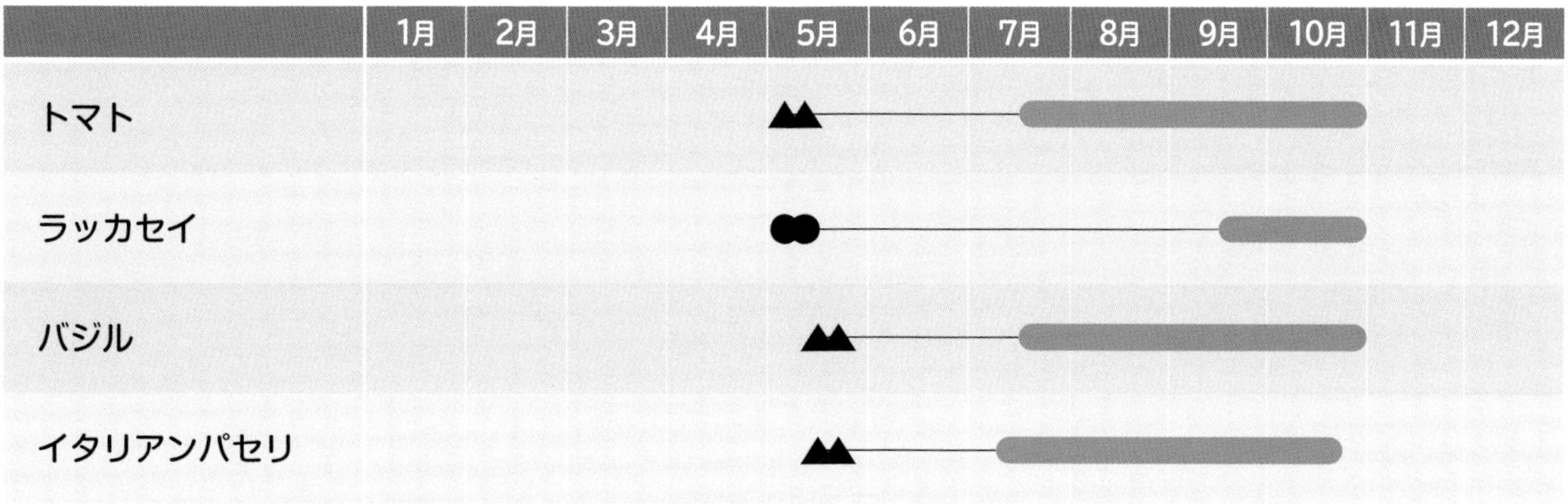

ベストプラン

2 ナス

行動力抜群のナスを“お祭りボーイ”のラッカセイが応援!

縦横無尽に活躍する野菜界随一のアクティブさ

熱帯モンスーン気候出身。河川が氾濫した肥沃な場所に育ってきた。養分をたっぷり吸収して直径2ｍもの根圏を広げ、梅雨が明けると地中深くにも根を下ろす行動力は、野菜界随一!　実をつけ始めると生長を止めて、子供（実）に養分を回す子煩悩なタイプになる。

友達

エダマメ

粘土質が好きな畑の盛り上げ役

東アジア出身。ラッカセイと同じく、根の小さなコブに共生する根粒菌が、空気中の窒素を固定して養分を供給してくれる、畑の盛り上げ役。元田んぼや粘土質などで大活躍。ナスと混植したエダマメの跡地はハクサイにぴったり。

ガードマン

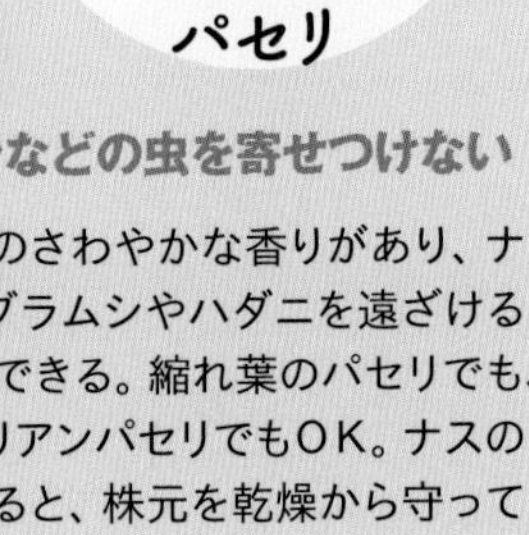

パセリ

アブラムシなどの虫を寄せつけない

セリ科特有のさわやかな香りがあり、ナスにつくアブラムシやハダニを遠ざける効果が期待できる。縮れ葉のパセリでも、平葉のイタリアンパセリでもOK。ナスの株間に植えると、株元を乾燥から守ってくれる。

親友

ラッカセイ

アンデスからやってきたお祭りボーイ

アンデス山脈出身の「お祭りボーイ」。根の小さなコブに共生する根粒菌が空気中の窒素を固定。また、根につく菌根菌の働きでリン酸などが植物に吸収されやすい状態になり、土壌を活性化。グランドカバーになり、ナスの株元を乾燥から守る。

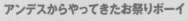

ナスは密植厳禁。株間を広くとって根を張らせよう

ナスの故郷は、熱帯モンスーン気候の現在のインドあたり。原種は河川が氾濫した肥沃な土地で育ってきた「樹」に近い多年草で、豊かな土壌を好みます。高温多湿の日本はナスによく合う気候だったため、アジア大陸を経由して定着し、各地でさまざまなご当地ナスの品種が誕生しました。

特徴的なのが、その根の張り方です。日本の梅雨は、ナスにとってインドでの雨季。まず根元から何本もの太い側根が出て、横へ横へと広がります。なぜなら雨季の地中は水分過多で酸素が少なく、地温が低いため。酸素と温かさを求めて、地表近くに根が伸びるのです。梅雨が明けると、ナスにとってはいよいよ乾季の到来。横に広がった側根が、今度は地下の水分を目指して地中深くへと伸びます。ちなみにナスの根の横の広がりは直径2mにもなり、さらに地下深くにも伸びるため、その土への影響は非常に広範囲にわたります。

そんなナスに欠かせない相棒が、まずネギ類。とくに相性がいいのがニラで、トマトと同じくひとつの植え穴にナス苗とニラを一緒に植えると、ナスの代表的な土壌伝染性病害である青枯病《あおがれびょう》、萎凋病《いちょうびょう》などの病気を予防します。

親友は、〝お祭りボーイ〟ことラッカセイ。地を這うように育ってナスの株元の乾燥を防ぎ、初期に張ったナスの浅い根を守ります。さらにマメ科の根に共生する根粒菌の働きでリン酸を吸収しやすい状態にし、土壌をにぎやかにしてくれます。大事なのはナスの根がしっかり広範囲に張れるようにすること。密植は厳禁で、株間を80cm〜1mとってのびのび育てます。

ナスは1mの株間で
のびのび育てると
たくさん採れます

恋人

ニラ

ナスの病気を防いで元気にしてくれる

東アジア出身。ネギと並ぶ野菜界の名医で、根に共生する拮抗菌が分泌する抗生物質が、トマトやナスの萎凋病を防ぐ。水はけのよいところが好みで、じめじめとした湿り気の多いところが苦手。

ガードマン

マリーゴールド

センチュウ対策委員長

マリーゴールドの根に含まれる成分が、ネグサレセンチュウやネコブセンチュウなど有害センチュウの被害を軽減。アブラムシを遠ざけ、天敵を呼ぶ効果もあるといわれる。独特の強い香りがあり、すき込むと防虫効果が高まる。

険悪ムード

ジャガイモ

天涯孤独のアウトロー

アンデス山脈の高地出身。痩せ地でもよく育つ孤高の開拓者で、ジャガイモと同じナス科同士はもろちん、ほとんどの野菜と相性が悪いアウトロー。故郷アンデスの古代都市マチュピチュでは、ほかの作物が混ざらないように隔離して育てられていた。

これがナスの植え合わせベストプラン

解　説

広く深くしっかりと根を張るナスは、ゆったりと植える「疎植《そしょく》」が基本。株間を１ｍとると根がのびのび伸びて、枝もぐんぐん伸び、秋まで長期間にわたってたくさんのおいしい実が収穫できる。ナスの植え穴には病気予防のため、野菜界の名医ことニラを一緒に混植しよう。ポイントは、ナスの外側の日が当たる場所にラッカセイを配置すること。最後まで収穫しないラッカセイは、地表を這うように育ってグランドカバーとなり、ナスの根を乾燥から守ってくれる。株下に草を刈って敷くとますますよい関係に。パセリの代わりにナスタチウムを植えてもいい。

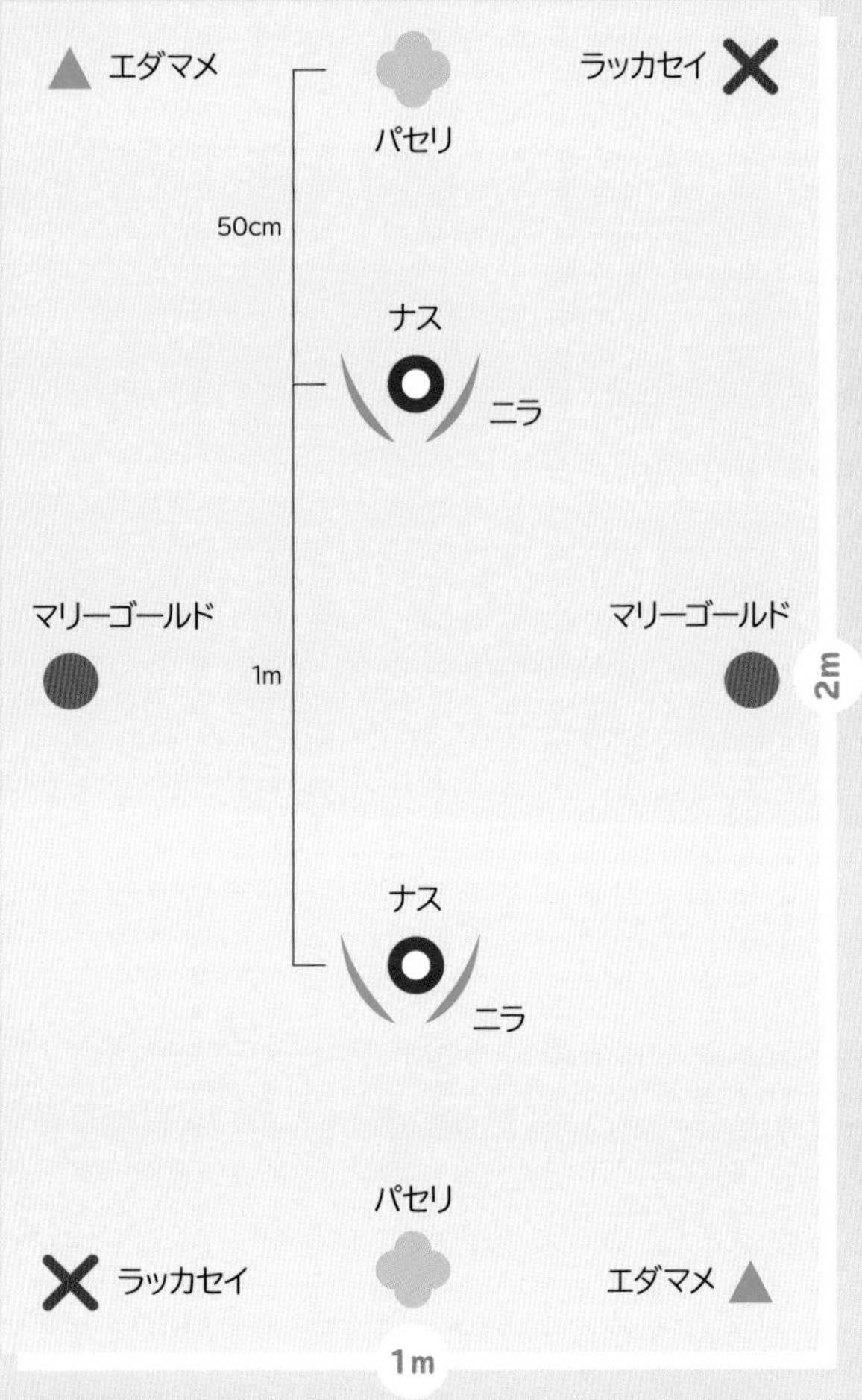

このあとの
ベストプラン
はこれ！

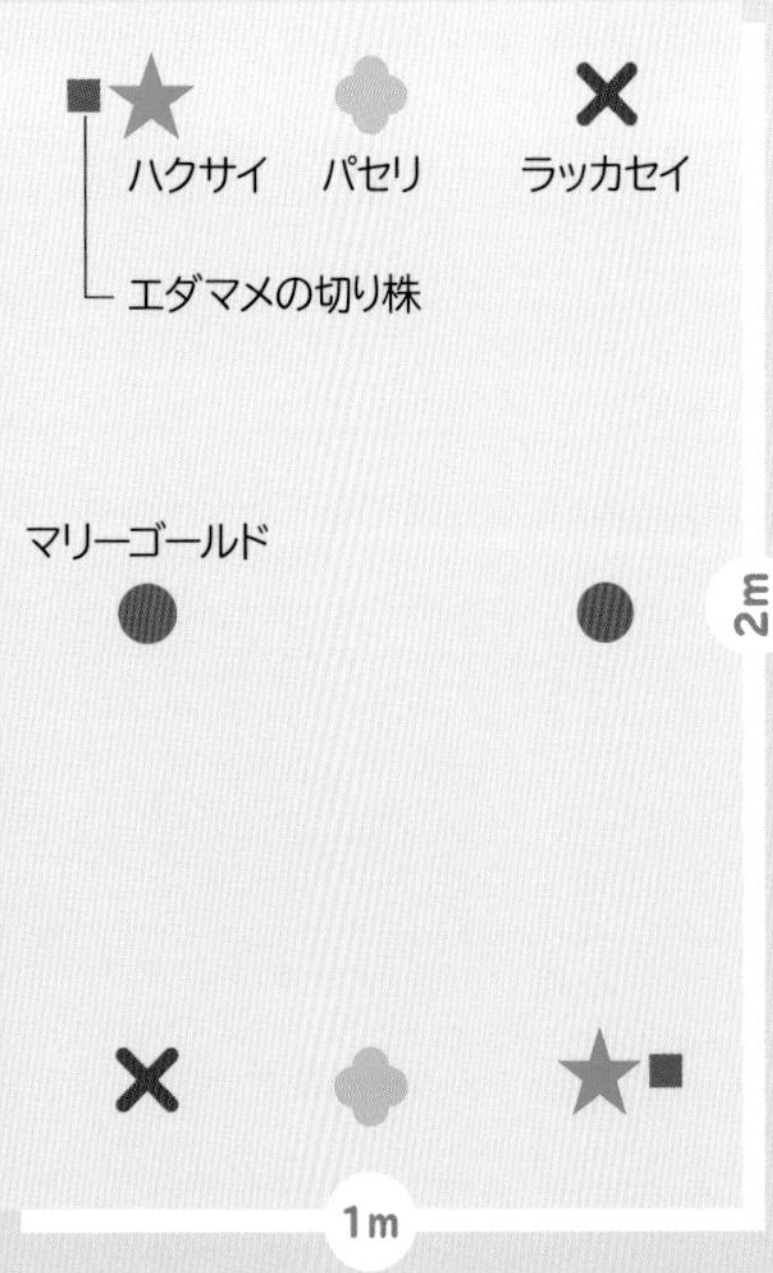

8月末、四隅に植えたエダマメの地上部を切って収穫したら、その切り株近くにハクサイの苗を植える。ナスとエダマメによって土づくりが進み、ナスが適度な日陰をつくるため、ハクサイがスムーズに育ち、うまく結球する。

ナスと相性が悪い野菜たち

トウモロコシ	混植×	多肥で育てる、太陽大好きな野菜たち。ナスと混植するとお互いに日陰をつくり、地中では根が養分、水分を求めて深く伸びて「ガチンコ勝負」に！ どちらかが負けて生育不良になる。
オクラ	混植× 前後作×	
カボチャ	混植×	たっぷり施肥したナスと隣り合わせで育てると、カボチャがツルボケしやすい。
ゴボウ	前後作×	たっぷり施肥したナスの跡地は、分散した養分をキャッチしようとして二股、三股にもなりやすい。

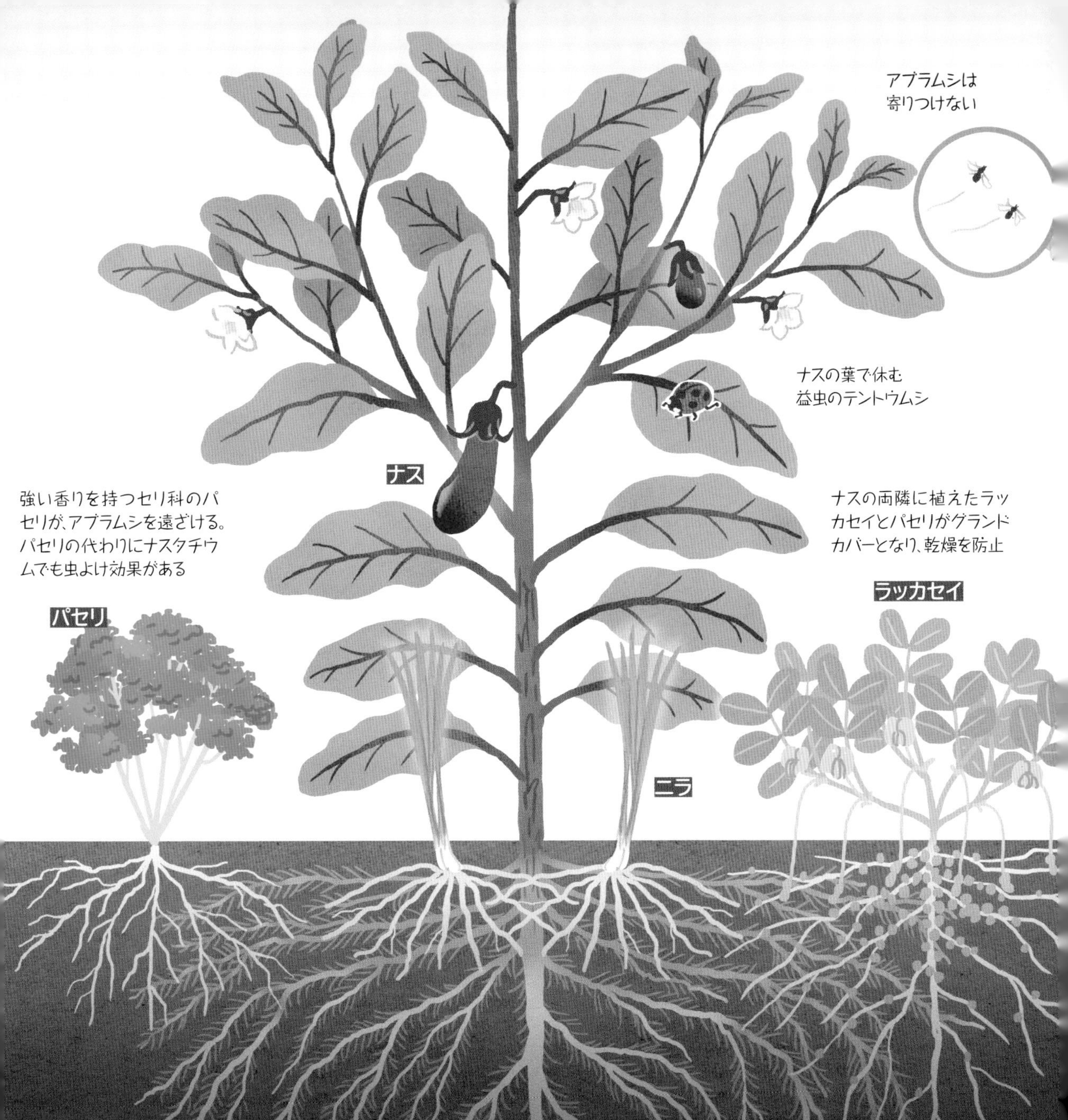

地中では何が起こっているの？

梅雨の間、ナスの根は酸素を求めて横に伸び、梅雨が明けると水分を求めて地下に潜る。そんなナスの青枯病や萎凋病を防ぐのがニラ。ニラの根に共生する微生物が、病原菌を抑えてくれる。また、ラッカセイの根に共生する根粒菌が窒素を固定し、菌根菌がリン酸を供給して土を豊かにするため、ナスが育ちやすい環境になる。

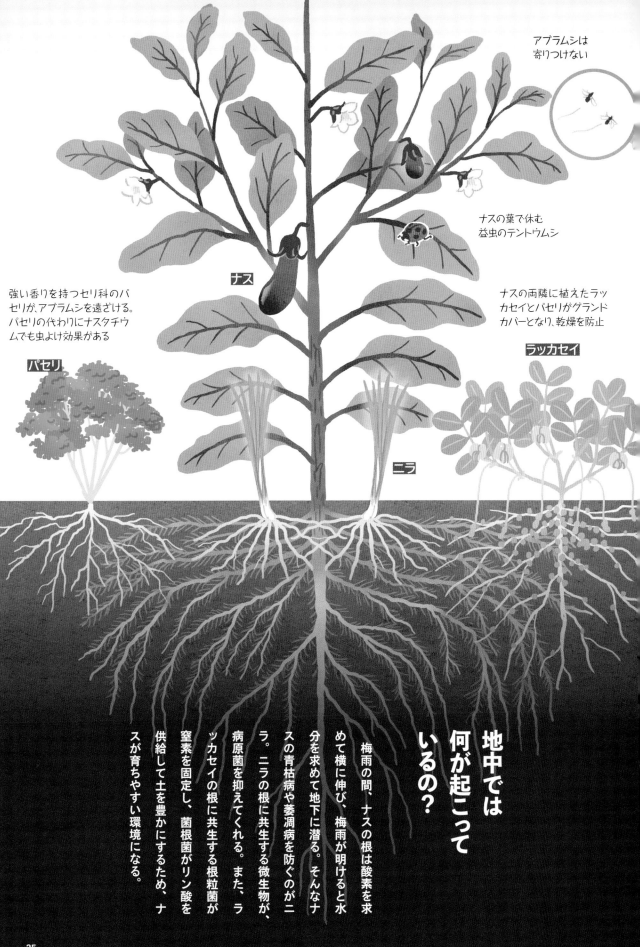

自然菜園流

おいしいナスを育てるコツ

これが「ネギ鞍《くら》」だ!

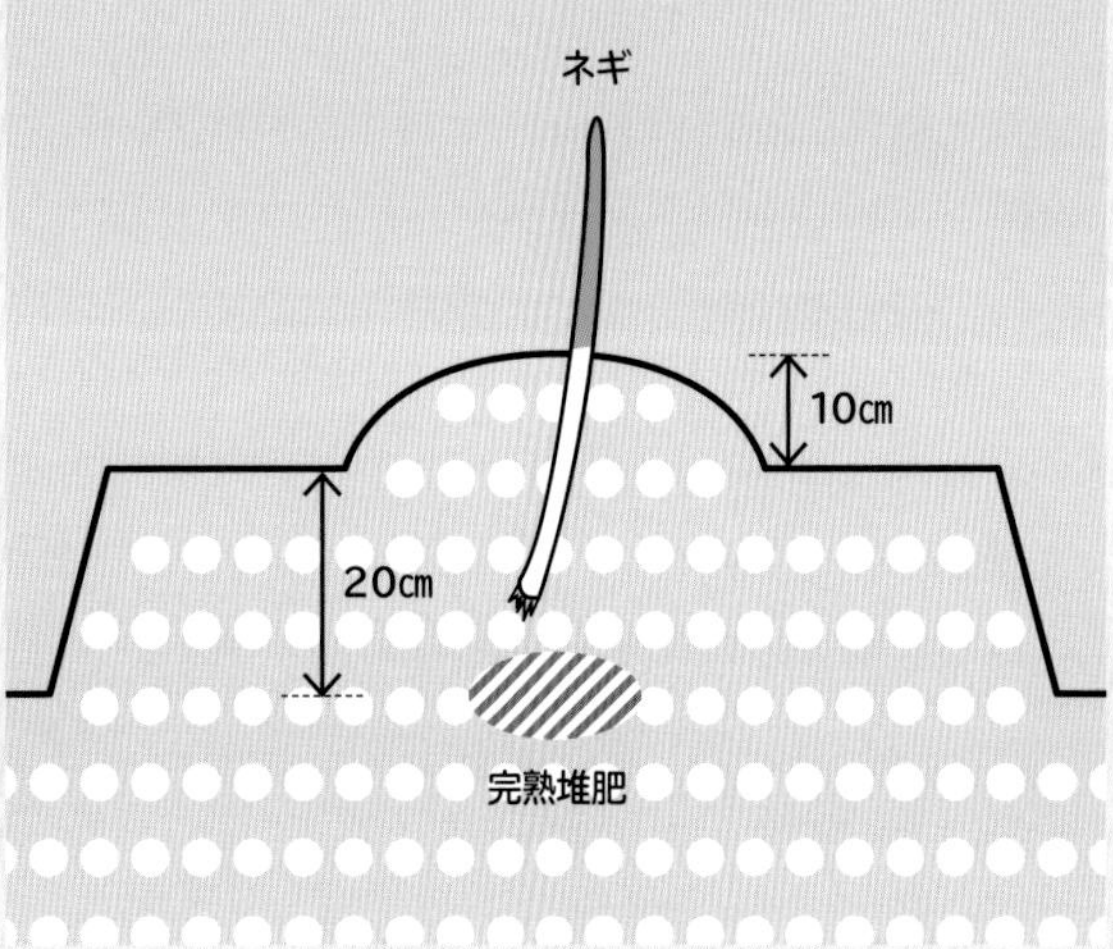
ネギ
10㎝
20㎝
完熟堆肥

ネギを植えると有機物が速やかに分解され、土壌消毒もできる。
ネギなしの一般的な鞍つきよりも早く、よい環境ができる。

準備　3下旬-4上旬月

植えつけ1か月前、「ネギ鞍《くら》」をつくる

「ネギ鞍」とは、ネギを植えた鞍つきの略。鞍つきとは、畝の上から深さ20㎝ほどの穴を掘ってひと握りの完熟堆肥を土と混ぜ、10㎝ほどの土を盛り上げて小山を築くこと。その形が馬の「鞍」に似ていることから、こう呼ばれるようになった。植えつけの1か月前にネギ鞍を築いておくことで、土が団粒化し、腐植が増えて、ナスが育ちやすい環境ができる。

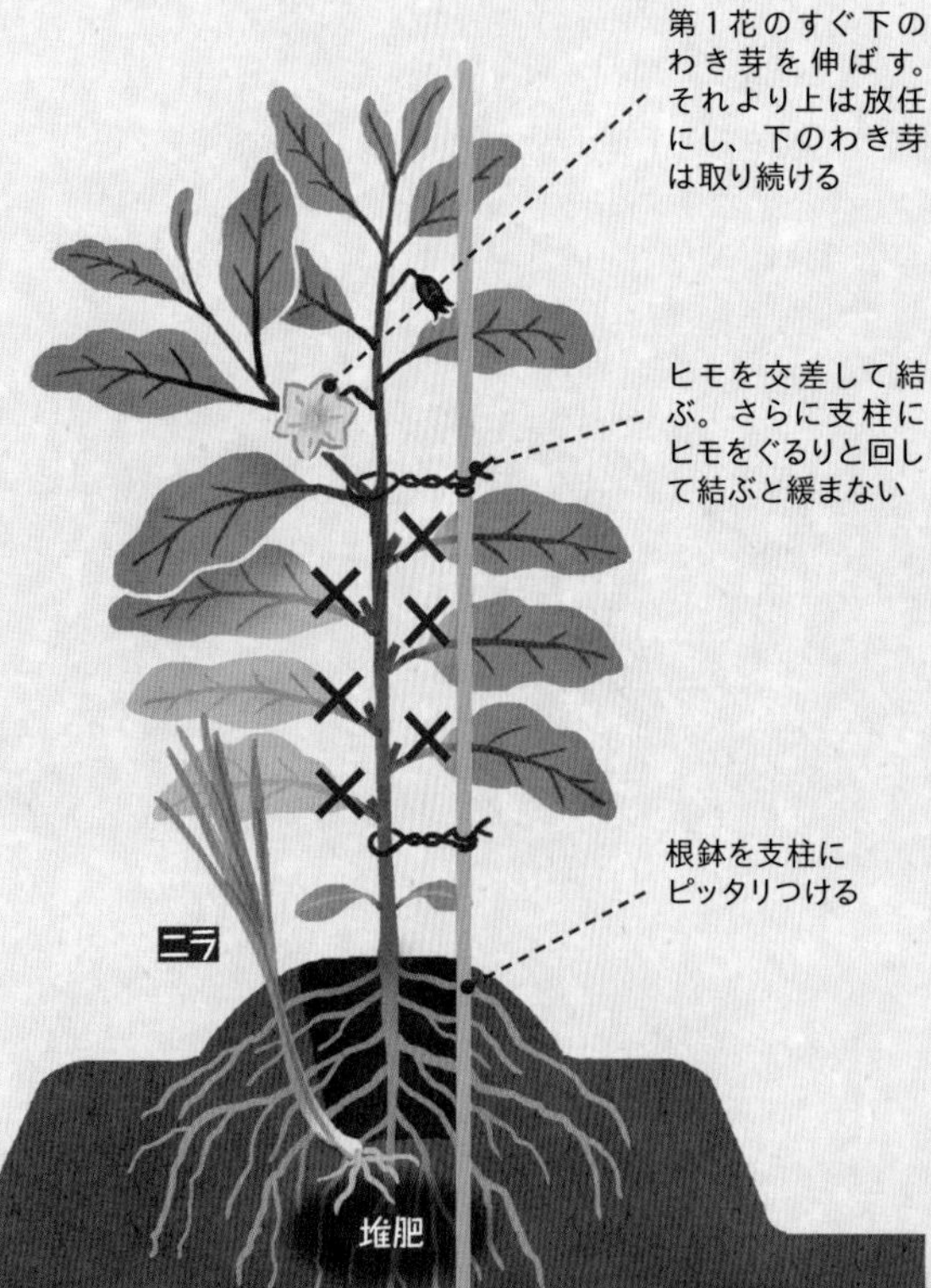
第1花のすぐ下のわき芽を伸ばす。それより上は放任にし、下のわき芽は取り続ける
ヒモを交差して結ぶ。さらに支柱にヒモをぐるりと回して結ぶと緩まない
根鉢を支柱にピッタリつける
ニラ
堆肥

植えつけ　5上旬～中旬月

支柱を挿してから植え、すぐに誘引!

「ネギ鞍」のネギをのぞき、ナスとニラを一緒に植える。ナスはとても風に弱く、揺れるだけで、ストレスを受けて実がつきにくくなるため、初期から誘引が必須。先に支柱を20㎝以上深く挿したら、支柱にできるだけピッタリつけて苗を植えてヒモで結ぶ。しっかり誘引すると、根がしっかり張れて実もたくさんつく。

収穫 7中旬-10月

小さめで収穫すると長期間、実り続ける

初期についた実は、小さいうちに収穫。とくに最初についた実は、親指大で収穫しよう。実を早めに採り続けることで、長期間みずみずしいナスが収穫できる。ナスは実をつけると自分の生長を止めて、実（子供）に養分を注ぐ子煩悩タイプの野菜だからだ。雨が5日以上降らなかったら、夕方にたっぷりストチュウ水（36ページ参照）で水やりを。

栽培スケジュール

● タネまき　▲ 植えつけ　▬ 収穫

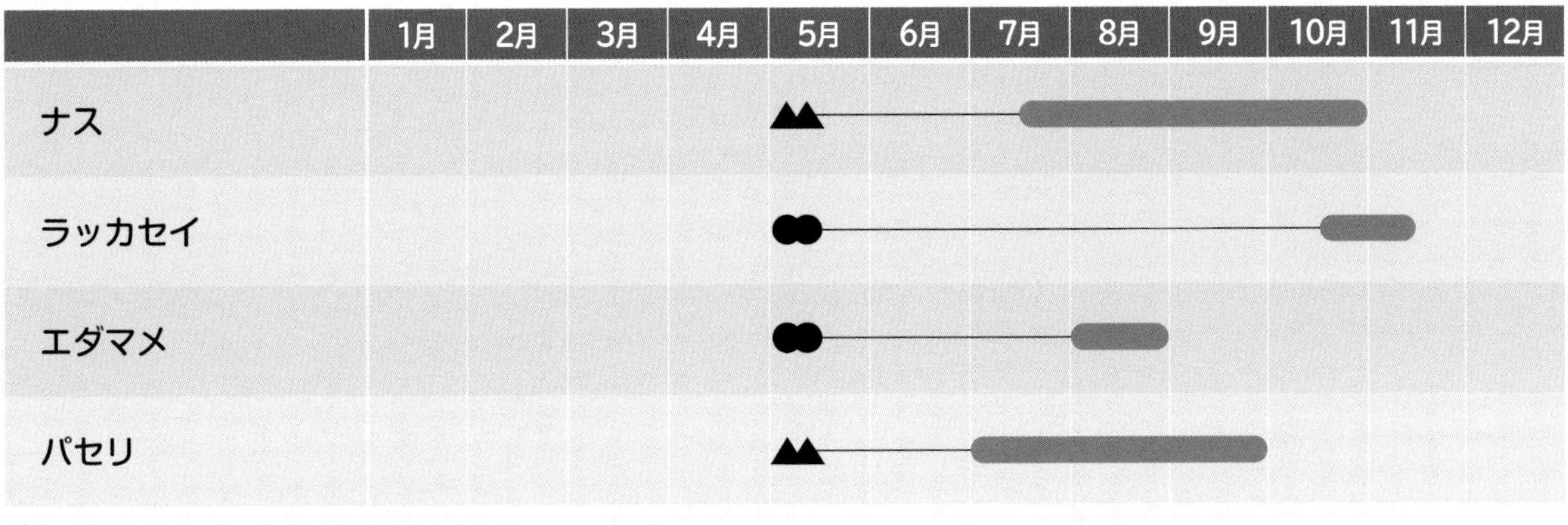

ベストプラン 3

ピーマン

控えめなツルなしインゲンがピーマンの初期生育を健気にサポート

ピーマン三兄弟

根が浅いから「根性」は期待しないで〜！

ナス科でもっとも根が浅く、根性がない

南米の熱帯雨林出身。水分がたっぷりある場所で、ピーマン同士まとまって育ってきた。根張りが悪く、品種改良によって大きな実をつけるようになったパプリカやピーマンは、モザイクウイルス病などの病害虫に弱い。トウガラシ、シシトウなど原種の姿に近い小さいものほど育てやすい。

恋人

ニラ

野菜界のお医者さん

東アジア出身。ピーマンを守る恋人。ピーマンとひとつの穴に一緒に植える「恋人植え」にすると、根を絡ませ合って育つ。ニラの根に共生する拮抗菌が分泌する抗生物質の働きによって、ピーマンの病気を予防する。

先輩・後輩

ツルなしインゲン

控えめにそっと支える

マメ科の根に共生する根粒菌の働きで土を豊かにし、ピーマンの初期生育を助ける。水分欲求がエダマメなどと比べて高くないので、水の奪い合いでケンカにならない。さらにピーマンが大きくなる前には終わるので、ピーマンの日照を妨げない。ただし、センチュウがいる畑では被害を拡大するのでNG。

ハクサイ

先輩・後輩

アブラナ科の不得手なリン酸の供給をお手伝い

ピーマンの株間にハクサイの苗を植えると、ピーマンが半日陰をつくってくれるため、ハクサイにとって快適な環境。また、完熟するとピーマンは赤くなるため、「赤色」を嫌う虫よけになり、ハクサイを守る。晩秋、ピーマンがいなくなるとハクサイがその場所を使ってのびのびと育ち、結球する。

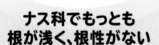

ピーマンの初期生育を控えめなツルなしインゲンがサポート

ピーマンの出身地は、南米の熱帯雨林。雨がたくさん降り、温暖な気候のもとで育ってきたので、ナス科の仲間の中では根張りが浅く、直径50㎝くらいしか張らないため、もっとも〝根性がない〟といえます。むしろ地表の酸素を求めて根を浅く張ることで、地中の強い湿気から逃れてきたのです。日本ではピーマン、シシトウ、トウガラシなどがありますが、これらはすべてピーマンの仲間。病虫害に強く、育てやすいのはトウガラシ、シシトウなど原種に近い小さいもの。一方、大きな果実のパプリカはハウス栽培用に品種改良されているので難しく、着果後に雨に当たると腐りやすいのが特徴。露地ではミニパプリカを育て、初期につく10個ほどの実はすべて摘果し、雨が少ない時期に完熟させるとうまくいきます。同じくピーマンも、最初についた実は親指大で摘果し、初期につく実は小さいうちに採って食べると、のちにしっかり収穫できます。

そんなピーマンは根張りが悪く、病気になりやすいのでコンパニオンプランツで病気予防&生育促進を。トマトと同じく、ニラと「恋人植え」にすることで病気予防になります。また、ピーマンの初期生育を促してくれるのがツルなしインゲン。ツルなしインゲンは背が低いので日照を妨げず、マメ科の根に共生する根粒菌の働きで土を豊かにし、しかも早生なのでピーマンが大きくなる前に速やかに退場。水分欲求も高くないので、ピーマンとうまく共存できます。

根が弱いピーマンは、相性のいい野菜で生育促進&病気予防

ガードマン

マリーゴールド

センチュウ対策委員長

マリーゴールドの根に含まれる成分が土の中の小さな害虫、ネグサレセンチュウやネコブセンチュウなど有害センチュウの被害を軽減。アブラムシを遠ざけ、天敵を呼ぶ効果もあるといわれる。独特の強い香りがあり、すき込んでも防虫効果が高いといわれる。

先輩・後輩

玉レタス

そっくりな環境を好む似た者同士

玉レタスとピーマンは、どちらも根張りが悪く、適度な水分が欲しい似た者同士。好みの環境がそっくりなので、まずレタスを育てておき、あとからレタスの株間にピーマン苗を植えると育ちやすい。順番を逆にして、ピーマンのあとに玉レタスを育ててもうまくいく。

険悪ムード

ジャガイモ

ナス科には厳禁のアウトロー

アンデス山脈の高地出身。痩せ地でもよく育つ孤高の開拓者で、誰とも仲良くできないアウトロー。故郷アンデスの古代都市マチュピチュでは、ほかの作物が混ざらないように隔離して育てられていた。トマト、ナスを含めたナス科御三家とは犬猿の仲。

これがピーマンの  植え合わせベストプラン

解　説

3月～4月上旬、まず畝の中央に玉レタスを植えて育てておく。5月上旬～中旬、ピーマンの苗を植え、畝の外側にツルなしインゲンのタネを3粒ずつまき、間引いて2本で育てる。畝の端にはセンチュウ予防としてマリーゴールドを植えておく。ポイントはピーマン三兄弟を混植すること。トウガラシ、シシトウ、ピーマンはそれぞれ樹や葉の形が違うので、風通しがよくなり、モザイクウイルス病を媒介するアブラムシがつきづらくなる。

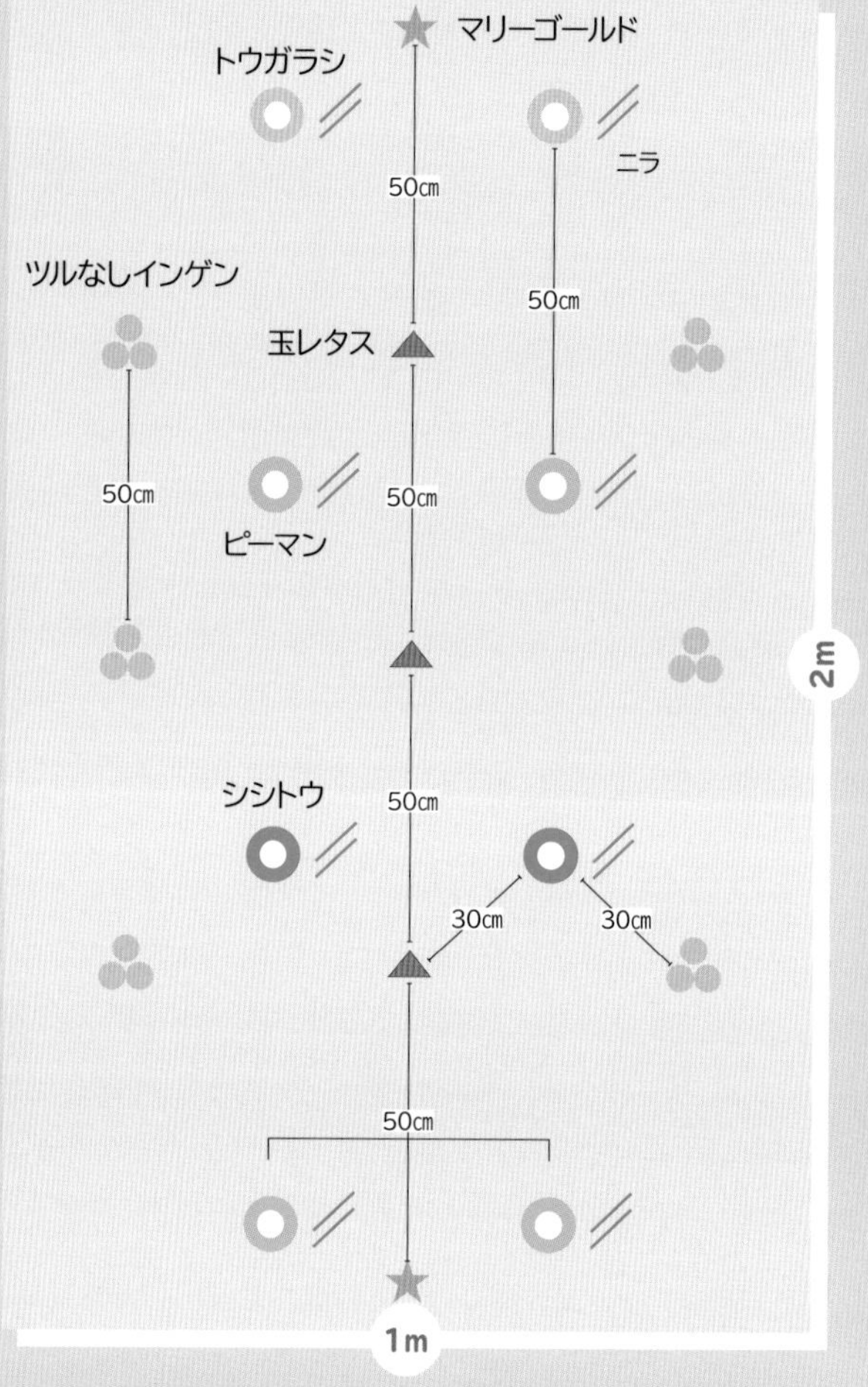

このあとのベストプランはこれ！

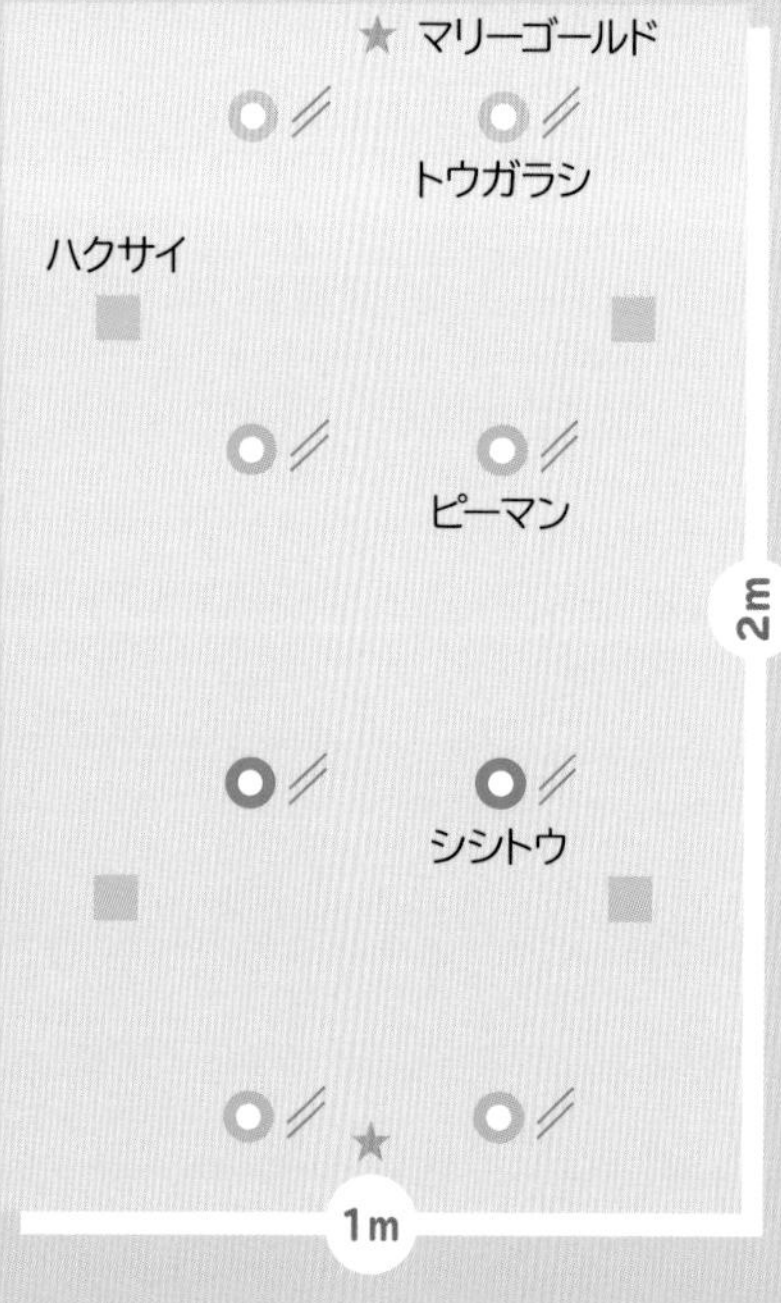

ツルなしインゲンが終わったら地上部を刈り取る。8月中旬～9月中旬、その切り株近くにハクサイの苗を植える。ツルなしインゲンが土づくりをし、根穴を掘ってくれた場所で、ハクサイがスムーズに根を張る。ピーマンが半日陰をつくってくれるので、残暑が苦手なハクサイの初期生育がよくなる。

センチュウが心配な畑ではインゲンNG。代わりにラッカセイを

センチュウの被害がある、あるいはセンチュウ被害があるかわからない市民農園などでは、ツルなしインゲンではなく、ラッカセイを植えるといい。ラッカセイは栽培期間が長いので後作のハクサイにリレーはできないが、センチュウを抑制する働きがある。

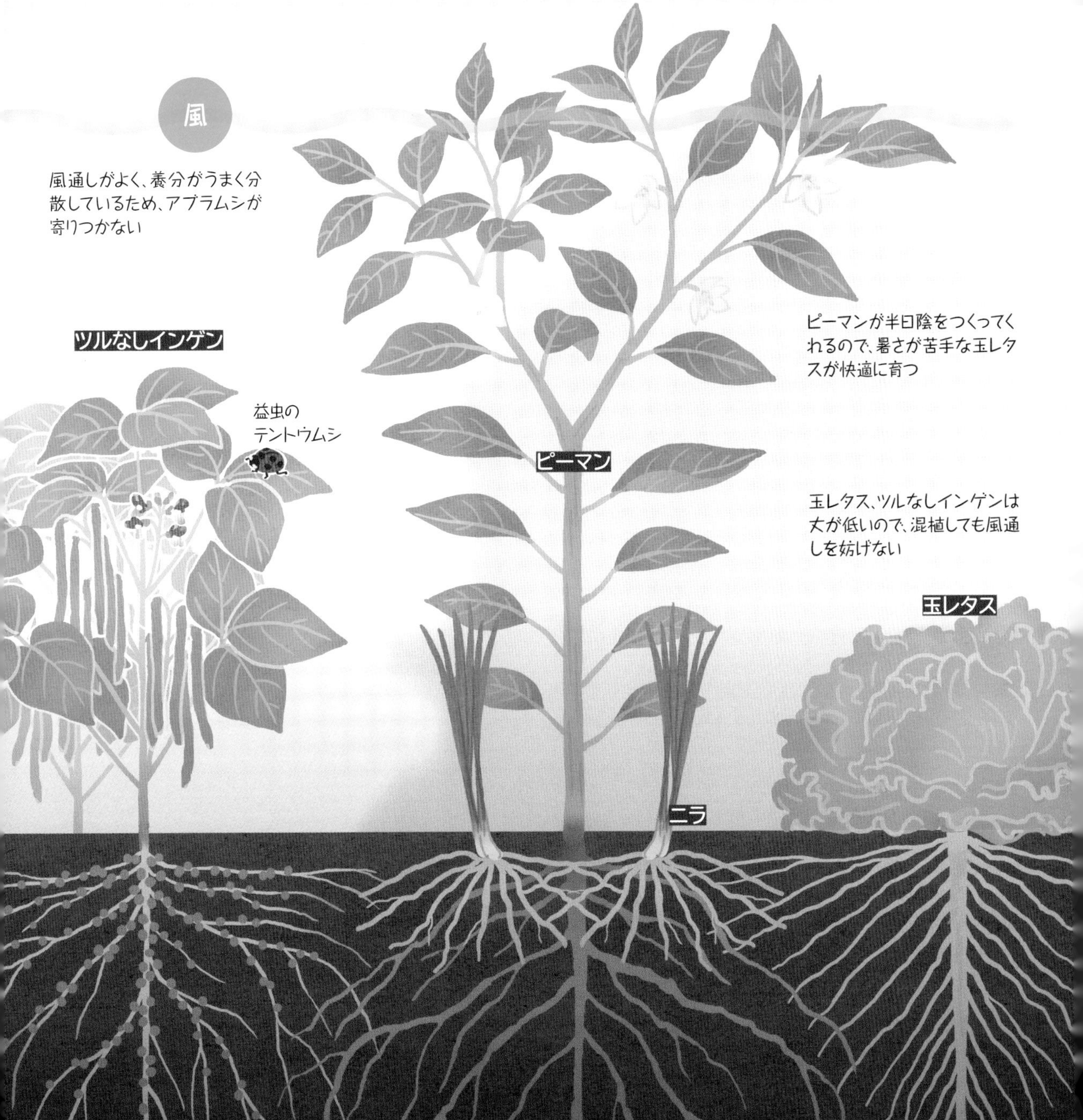

地中では何が起こっているの？

ニラの根に共生する微生物の働きで土壌が消毒され、モザイクウイルス病などピーマンの病気を予防。ツルなしインゲンの根に共生する菌根菌が地中のリン酸、根粒菌が窒素を供給し、ピーマンが育ちやすくなる。また、ツルなしインゲンは比較的乾燥に強く、あまり水分を欲しがらないため、水分が欲しいピーマンとうまく共存できる。玉レタスは結球を始めると養分をあまり必要としないが、ちょうどその頃にピーマンが養分を欲しがるので、養分競合せずに仲良く育つ。

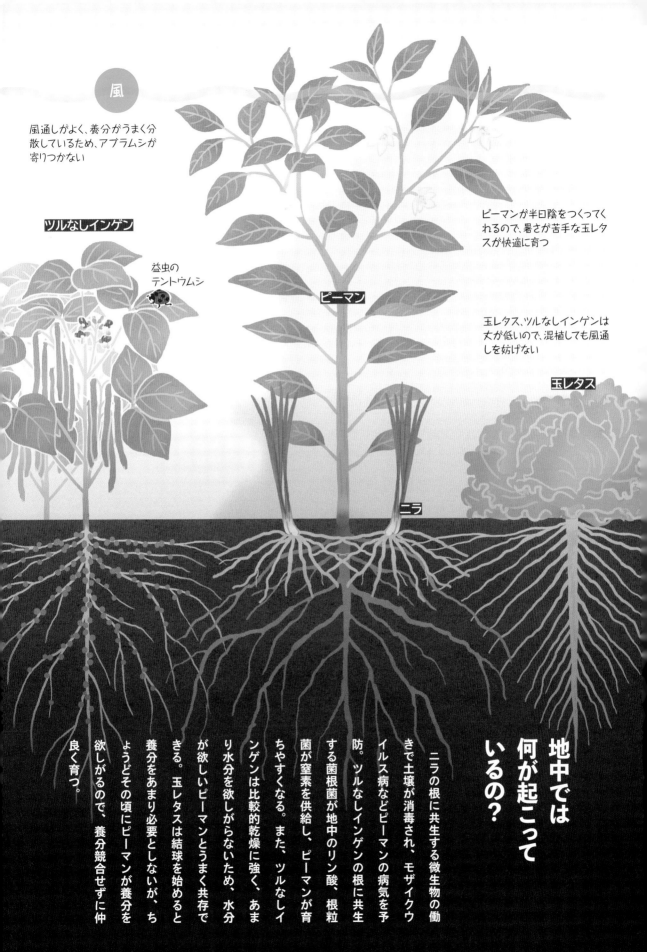

自然菜園流

おいしいピーマンを育てるコツ

ニラは葉も根も10㎝ほど残してカットしてから、ピーマンと一緒に植える。

植えつけ　5月上旬～中旬

ピーマンは寒さに弱いので、早植えは厳禁

ピーマンは初期生育が遅く、生育適温は28～30度。寒さに弱いので、あわてて早植えするのは厳禁。苗を早く入手してしまったら、ひと回り大きいサイズのポットに鉢上げし、暖かくなってから植えよう。もしもすぐに植えつけなければならない場合は、あんどんを立てて風から守る。最初に支柱を挿しておき、植え穴にニラを２本置き、その上にピーマンの苗をのせて「恋人植え」にする。

アブラムシはモザイクウイルス病を媒介するので、手でつぶさない。片栗粉を湯で溶いたデンプンのりをつくり、薄めてスプレーすると、翌日には固まってアブラムシが死ぬ（108ページ参照）。葉が縮れかけた株は病気の可能性があるので、なるべくさわらないようにし、収穫も最後にする。明らかに病気の株は、根から抜いて処分する。

梅雨明けまでは株元だけ土を露出し、太陽の光が当たるようにする。

草マルチ　6-7月

草を刈って畝にどんどん敷こう

梅雨の間は草がどんどん生えて、その勢いにピーマンが負けやすいので、草を刈って敷く「草マルチ」をする。ただし、梅雨が明けるまでは水分過多で冷えやすいため、株元の土に太陽の光が当たってよく温まるよう、株元だけは草を敷かずに育てる。梅雨が明けたら、株元も含めてどんどん草マルチすることで、温度と湿度を一定に保つことができ、ピーマンが元気に育つ。

ピーマンは完熟するとパプリカ並みに甘く美味しく収穫できる。

収穫 7中旬-10月

初期につく実は小さいうちに全部採る

最初についた実は大きくせず、親指くらいのサイズで採る。初期につく実も小さいうちに採ることで樹が大きく育ち、しっかり収穫できるようになる。とくに細い枝についた実はシシトウサイズで採ると、樹がよく育ち、その後の実つきがよくなる。ミニパプリカも初期は小さな実を緑色のうちに採ってどんどん食べよう。秋に採れる完熟した赤いピーマンは甘くておいしい。

栽培スケジュール

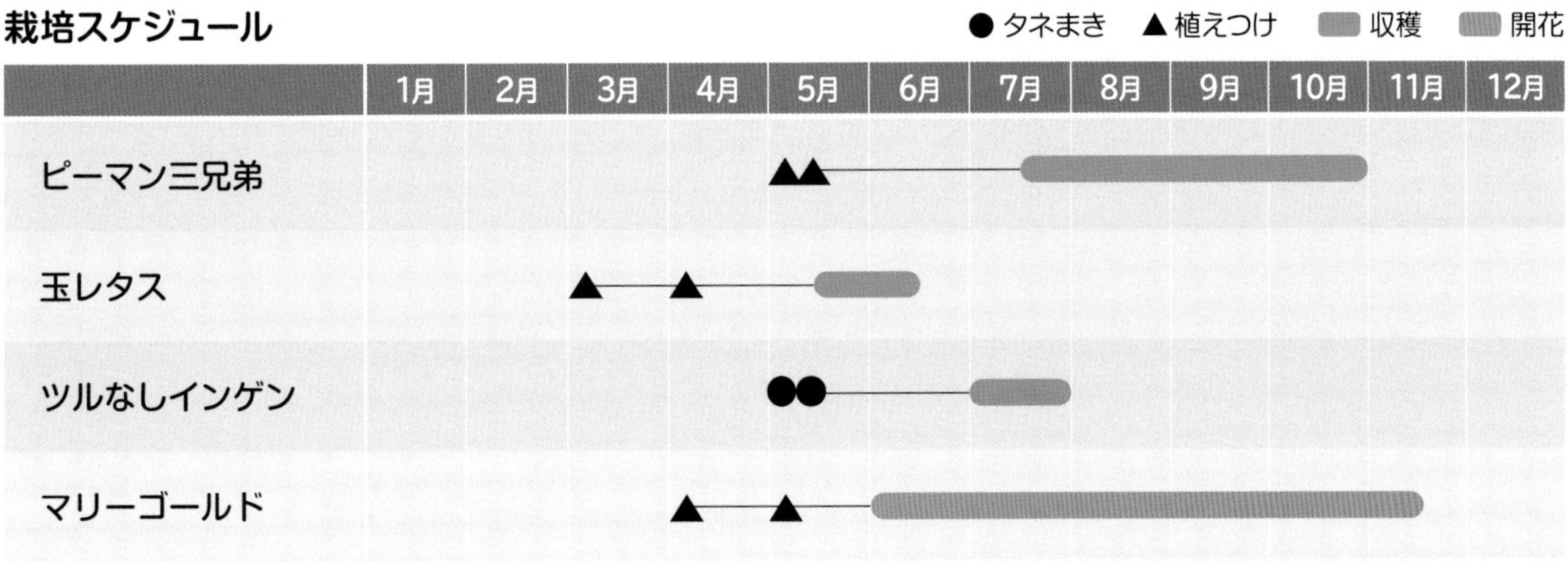

ベストプラン
4
キュウリ

わがままキュウリのために ハツカダイコンと エンバクが活躍!

ヒマラヤ山麓は
涼しくて
よかったわ〜

ヒマラヤ山麓出身のお嬢様

ヒマラヤ南東部の出身。冷涼で雨がほどよく降る、ヒマラヤ山麓の水はけがよい土壌で育ってきた。通気性の悪い環境が苦手で、蒸し暑い日本の夏は、高温障害で弱りやすい。畝にワラを敷くと株元が涼しくなり元気に。

恋人

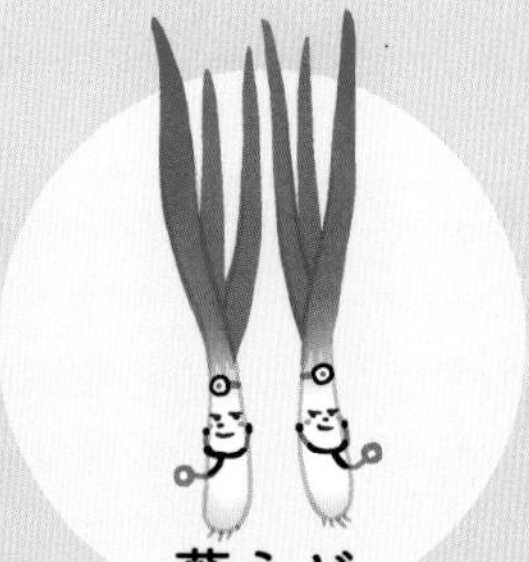

葉ネギ

そばで支えるドクター

根に共生する微生物が抗生物質を分泌して土壌を消毒する、野菜界のドクター。キュウリと一緒に植えると、根が絡み合って、キュウリのつる割病や連作障害を防ぐ。また、ミミズや土中の微生物を呼び、土の団粒化を促進してくれる働きも。

先輩・後輩

ハツカダイコン

小粒だけど頼りになる先輩

ウリ科の葉を食べるウリハムシは、まだ小さい頃のキュウリにとって大敵。キュウリのタネをまく1か月前、周囲にハツカダイコンをまいておくと、辛味成分を含むにおいでウリハムシを遠ざけてくれる。キュウリが大きくなってきたら全部収穫する。

カボチャ

険悪ムード

ウリ科全般と相性×

キュウリは、カボチャをはじめ同じウリ科との混植が苦手。隣同士で植えると、どちらも実つきが悪くなる。また、ウリ科のスイカやメロンは、混植するとキュウリに味が似てくるといわれる。

意外にデリケートなキュウリを畑の仲間たちがガード

キュウリの原産地は、ヒマラヤ山麓のインド・シッキム地方とされています。冷涼で適度に雨が降り、かつ水はけのよい土壌で育ってきたので、キュウリの根は酸素と水が大好きで、乾燥にも過湿にも弱いという、意外にデリケートな面があります。とくに大事なのが、通気性。通気性が悪い環境では、アブラムシの被害を呼びやすくなります。

そんなキュウリと相性バッチリなのが、ハツカダイコン。キュウリをまく1か月前、周囲にハツカダイコンのタネをまいておくと、そのにおいでウリハムシなどの害虫よけになります。また、センチュウ抑制効果の高いエンバクの野生種を育てておくと、余計な養分を吸ってキュウリのうどんこ病も予防できます。

キュウリの苗はゴールデンウィークの頃に植える人が多いと思いますが、どんどん実をつけるキュウリは、暑さとなり疲れのダブルパンチで、夏が終わる前に枯れてしまいがちです。そこで7月、キュウリのタネをまき直しましょう。7月まきでおすすめなのが、暑さに強い「地這いキュウリ」。親ヅルによく実がつく一般的な節成り品種と違い、地這いキュウリ系の品種は親ヅルにほとんど実がつかず、子ヅルと孫ヅルによく実がつくという特徴があります。また、支柱を立てずに地面を這わせて育てるため、台風に強く、風当たりが強い場所でも安心。ただし、茎葉に隠れた実の採り遅れに注意しましょう。ちなみに、地這いキュウリを一般的なネット栽培にすると、採り遅れが少なくなり、収量が格段にアップします。

畝にワラを敷くと
地温の上昇が抑えられ
元気になります

先輩・後輩

エンバク

センチュウ被害やつる割病を防ぐ

イネ科の根の働きで、土の団粒構造が発達。さらに余計な養分を吸って、キュウリのうどんこ病を防ぐ。とくにセンチュウ被害を抑える効果も高い野生種がおすすめ。キュウリの隣にまいておくと、センチュウよけの効果もある。刈って敷いておくと、高温障害の抑制に。

先輩・後輩

エンドウ

相性バッチリの妹分

連作を嫌い、一度育てたら5年は同じ場所で育てない方がよいとされるエンドウ。でも、キュウリとなら交互連作が可能。肥沃な土を好み、多湿が苦手で水はけのよいところが好きな甘えん坊タイプで、キュウリの跡地がピッタリ。

要注意

ツルありインゲン

親友になれるが、険悪にも……

マメ科のインゲンの根に共生する根粒菌の働きでキュウリの生長が促進され、ベストパートナーになれる。しかし、場合によって険悪にも。その理由は、インゲンがセンチュウを呼ぶため。市民農園などセンチュウ被害の可能性がある場所では、混植しない方がいい。

これがキュウリの 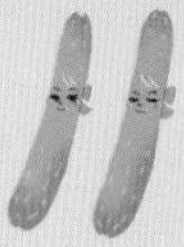 植え合わせベストプラン

解　説

キュウリは株間を１m以上空けること。株間が狭いとうどんこ病になりやすく、相性のいい野菜同士を植えても生長が悪くなる。また、受粉のため、２株以上植える必要がある。広い場所で育てよう。支柱を立ててネット栽培でも、地這い栽培でもいい。

キュウリのタネをまく１か月以上前に、キュウリを植える場所に「ネギ鞍」（38ページ参照）をつくり、ハツカダイコンとエンバクのタネをまいておく。キュウリが大きくなってきたら、ハツカダイコンはすべて収穫し、エンバクはどんどん刈って畝に敷く。

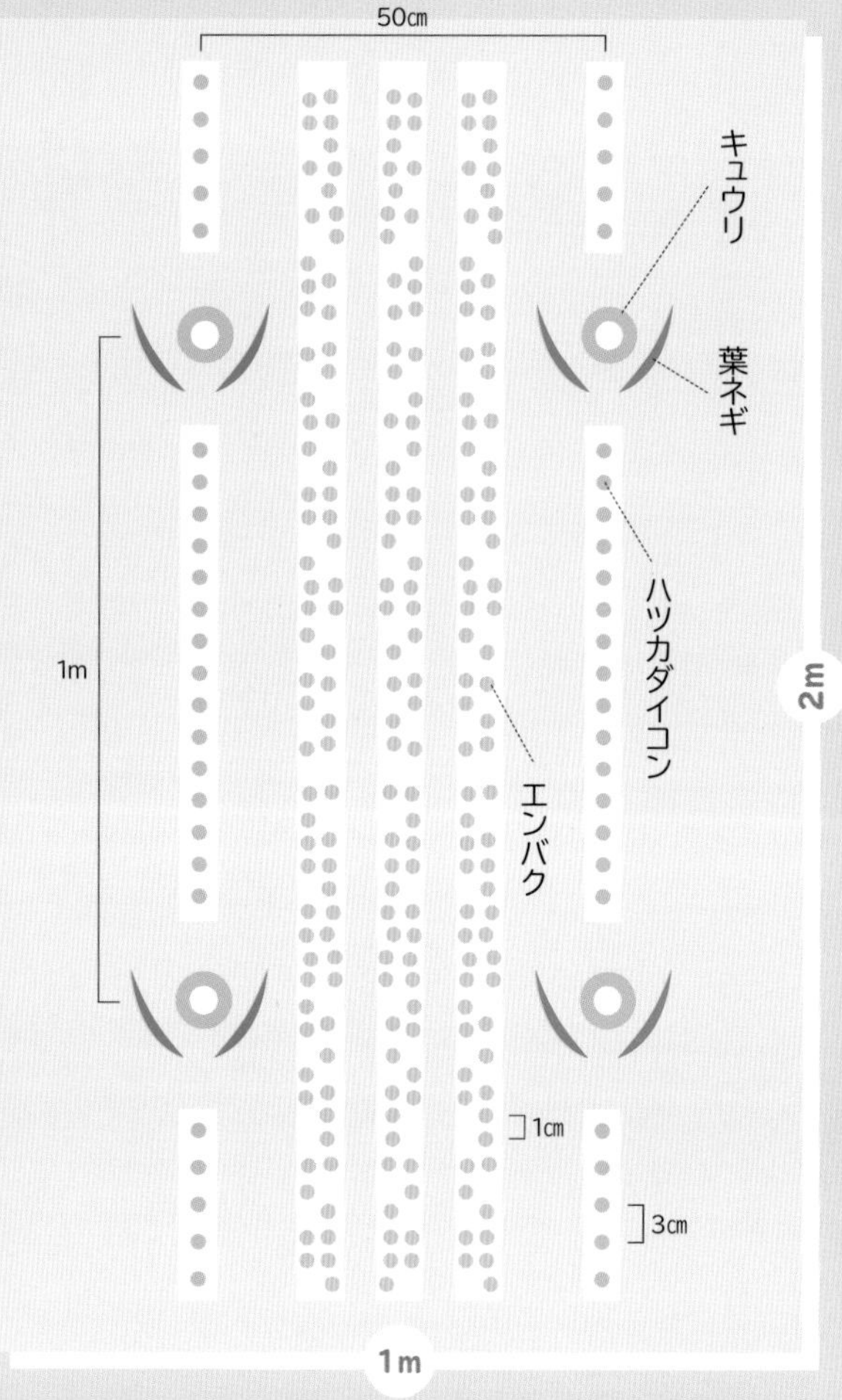

このあとのベストプランはこれ！

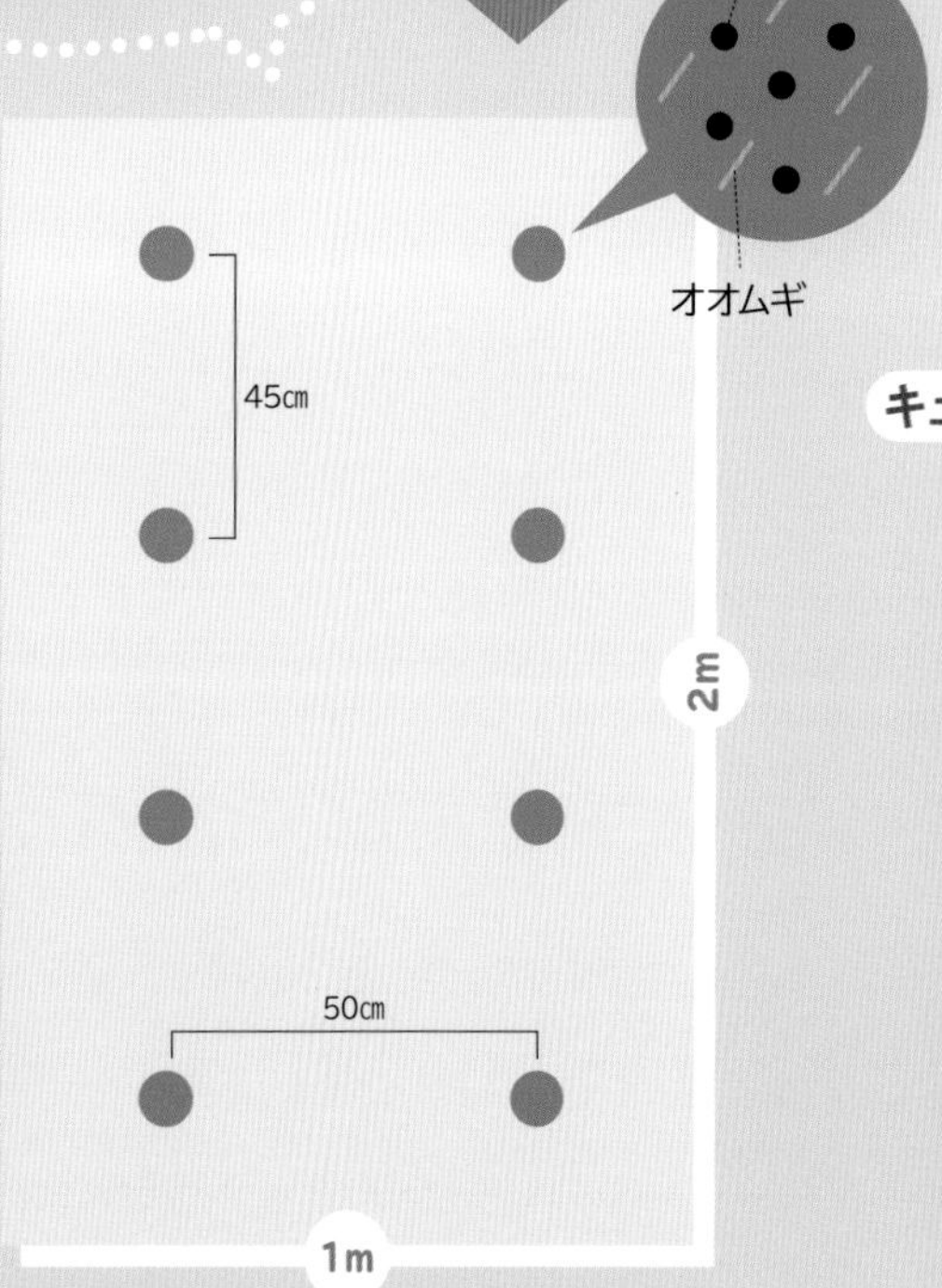

キュウリがよく育った場所は、肥沃になっている。また、根が直径２〜４mにも広がって草が抑えられ、地中に根穴ができている。そんな跡地にピッタリなのがエンドウ。45cmおきにエンドウとオオムギのタネを５〜６粒ずつまき、間引かずに育てるといい。エンドウの支柱はまっすぐに立てよう。

キュウリ栽培に必須！

「ストチュウ水」のシャワーで復活

夏、５日以上雨が降らなかったら夕方、葉にストチュウ水をたっぷりかけてあげよう。うどんこ病が出始めたときなど、ちょっとした不調ならストチュウ水をかけるだけで改善する。

「ストチュウ水」のつくり方

水	７ℓ
酢	７mℓ
焼酎	７mℓ
竹酢液（または木酢液）	７mℓ

※７mℓはペットボトルのキャップ１杯分

竹酢液（木酢液）はタール分を含まないもの、本格焼酎、本醸造酢を使おう。

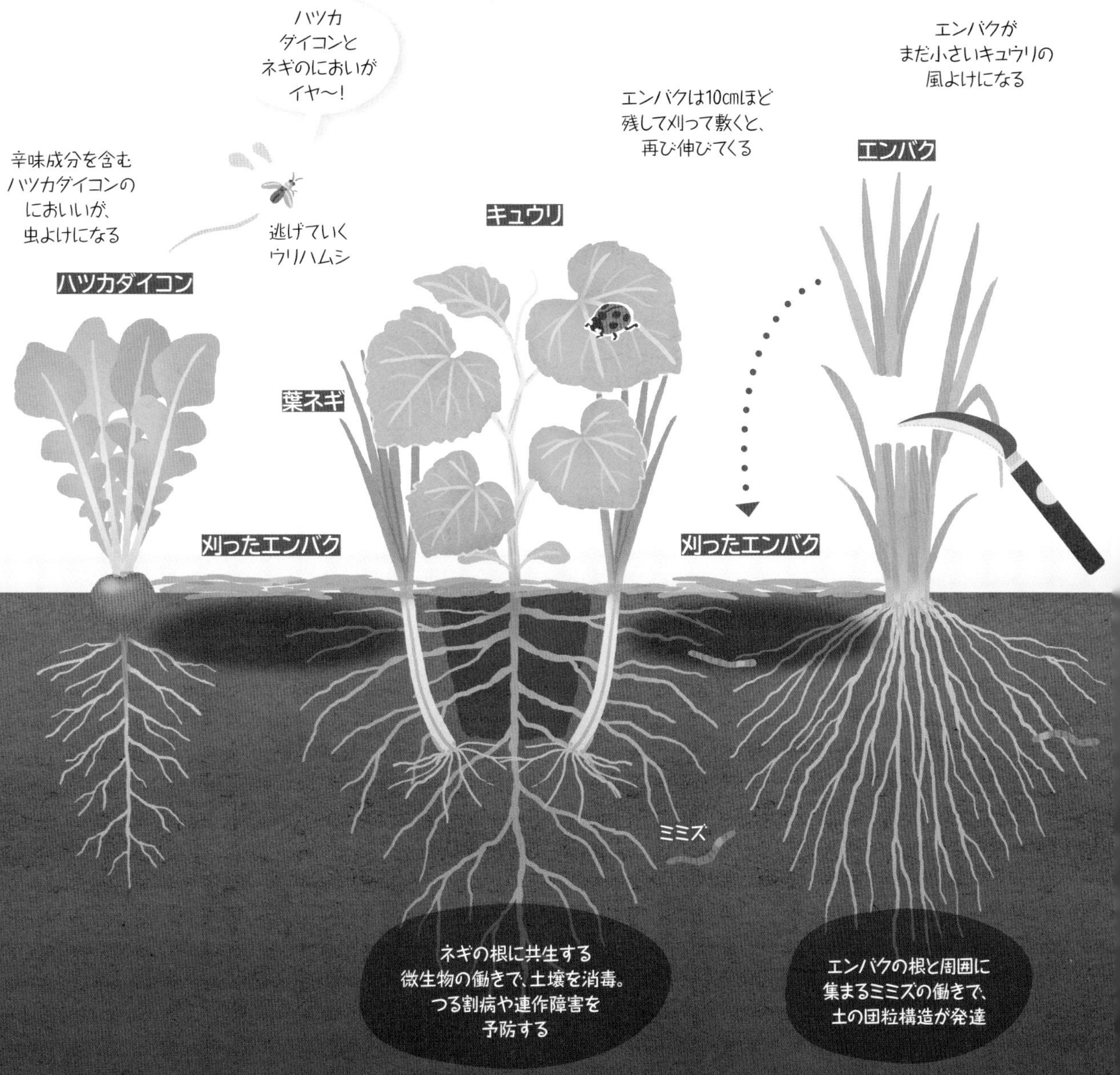
ハツカ
ダイコンと
ネギのにおいが
イヤ〜！
辛味成分を含む
ハツカダイコンの
においが、
虫よけになる
逃げていく
ウリハムシ
ハツカダイコン
エンバクは10㎝ほど
残して刈って敷くと、
再び伸びてくる
エンバクが
まだ小さいキュウリの
風よけになる
エンバク
キュウリ
葉ネギ
刈ったエンバク
刈ったエンバク
ミミズ
ネギの根に共生する
微生物の働きで、土壌を消毒。
つる割病や連作障害を
予防する
エンバクの根と周囲に
集まるミミズの働きで、
土の団粒構造が発達

地中では何が起こっているの？

エンバクの根が地中深く張っていき、団粒化が促進され、余計な養分をエンバクが吸収。すると、キュウリは葉が小さくコンパクトに育つとともに、生殖生長スイッチが速やかにオンになり、実をつけやすくなる。さらにキュウリが育ってきたら、エンバクを刈って敷きワラにすると、キュウリが苦手な乾燥や暑さから根を保護できる。

自然菜園流

おいしいキュウリを育てるコツ

春まきは4月上旬

準備　6月

「ネギ鞍」をつくり、ハツカダイコンとエンバクをまく

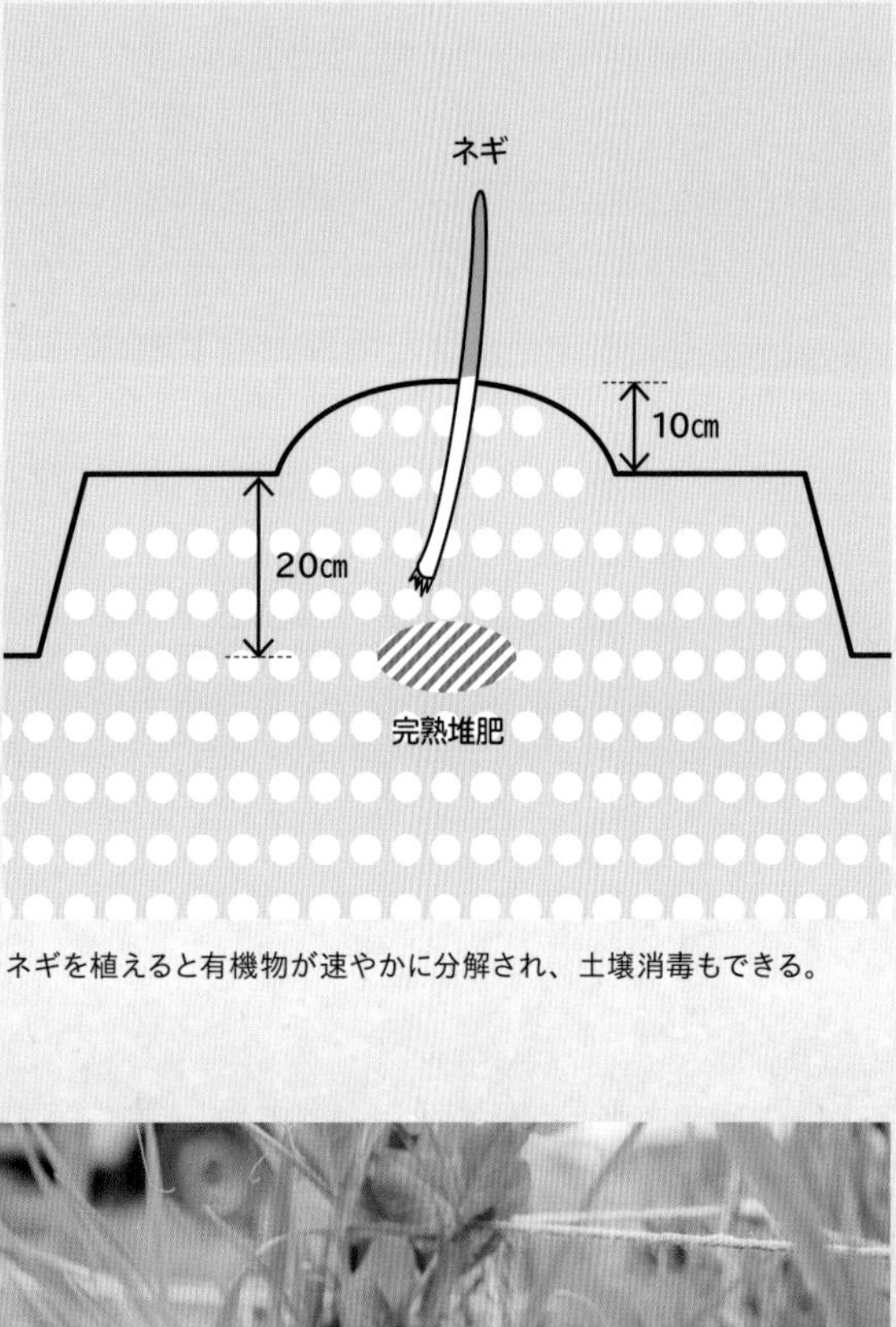

ネギを植えると有機物が速やかに分解され、土壌消毒もできる。

キュウリのタネをまく1か月前に「ネギ鞍」（左図）をつくり、ハツカダイコンとエンバクのタネをまく。ハツカダイコンは3cm間隔でスジまき、エンバクは5cm幅のスジに1cm間隔でスジバラまき。

「ネギ鞍」とは、ネギを植えた鞍つき畝のこと。鞍つきとは、深さ20cmほどの穴を掘って、ひと握りの完熟堆肥を土と混ぜ、10cmほどの土を盛り上げて小山を築く昔からのテクニック。植えつけの1か月前にネギ鞍を築いておくことで、土が団粒化し、腐植が増えて、キュウリが育ちやすい環境ができる。

春まきは5月上旬

タネまき・生育初期　7月

花が咲いたら5節まで子ヅルと花を全部落とす

ネギ鞍のネギを抜かず、その上にキュウリのタネを3～4粒ずつ、向きをそろえてまく。発芽後から本葉3～4枚の頃までに間引いて1本にする。そのあとは花が咲くまで放任し、第1花が咲いたら、5節まで子ヅルと花を全部取る。ただし、巻きヒゲは取らない。キュウリは実をつけ始めると樹の生長を止めてしまうので、初期の実は小さい“もろきゅう”サイズで収穫。週1回程度、エンバクや新鮮な草を刈って敷き、その上からひと握りの米ぬかをパラパラとまき、刈り草を重ねる。梅雨明け、さらにワラを敷くとなおいい。

1週間、畑に来られない場合は？

しばらく畑に来られない場合は、雌花とまだ小さい実を全部落としておこう。キュウリの実は1日でびっくりするほど大きくなる。実を採り遅れると樹が疲れてしまい、すぐに枯れてしまう。また、採り遅れのキュウリが葉に隠れていないかチェック。もし見つけたら忘れず採ろう。

収穫

春まきは7月上旬〜8月上旬

8下旬-10月

120g以下の若実をどんどん採り続ける

実がつき始めてから2週間は、80ｇ以下の小さいキュウリを若採りし、もろきゅうとして食べる。それ以降は刈った草を重ねながら米ぬかをまき、実の重量が120ｇを超えないように朝と夕方、コンスタントに採る。もし曲がったキュウリができたら、樹が疲れて、生殖生長がうまくいかなくなってきた合図。曲がった実つきの雌花を全部落とすと、樹の負担が軽くなり、再びまっすぐなキュウリが実るようになる。

栽培スケジュール

● タネまき　▬ 収穫

キュウリ				ネギ鞍をつくる								
					ネギ鞍をつくる							
エンバク			刈って敷く				刈って敷く					
ハツカダイコン

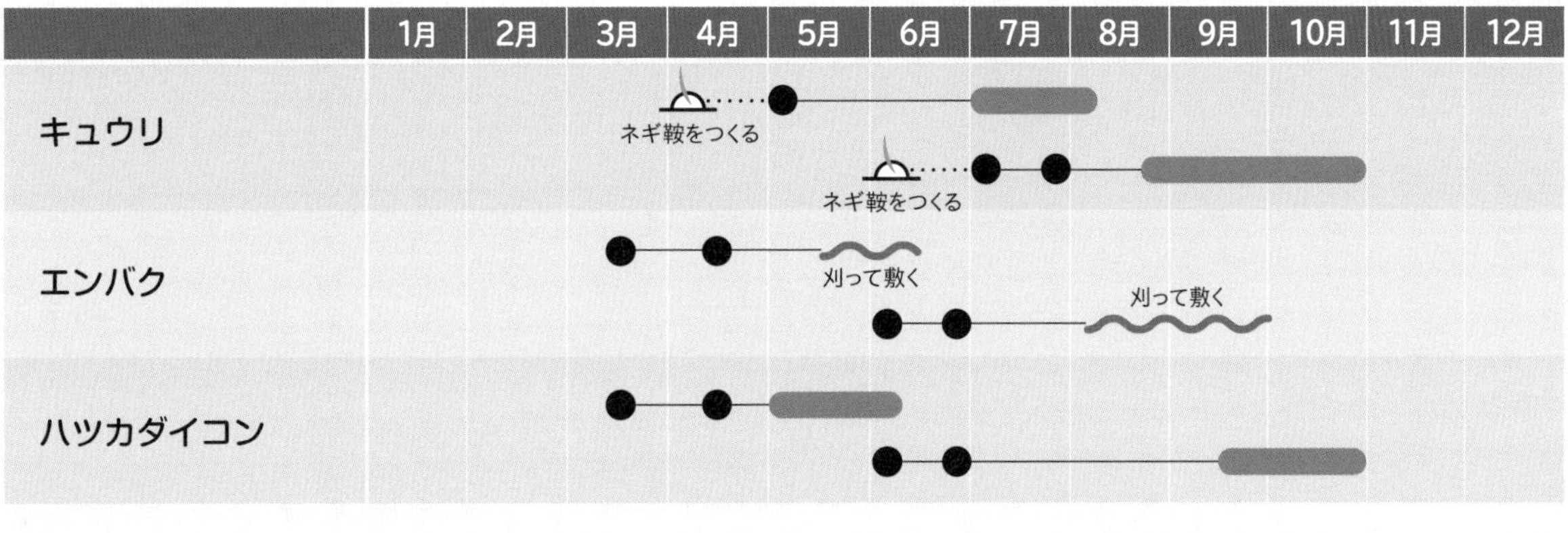

ベストプラン

5 スイカ

“畑の名医”こと葉ネギが砂漠出身のスイカを連作障害から救う

いろいろ大変
だったから
逆境には強い
のよ！

地下水脈を探し当てる“砂漠のサバイバー”

サハラ砂漠出身。雨季に発芽して地中深くまで根を伸ばし、1～2ｍ下の水脈と養分を探し当てる能力を持つ。ウリ科で唯一の深い直根を発達させることで、厳しい砂漠の環境を生き延びてきた。連作障害が出やすく、酸性土壌を好む野菜なので石灰などのアルカリ性資材を使うのは厳禁。

同郷の友

オクラ

スイカと似た環境に適応

北東アフリカ原産。スイカと同じく、熱帯地方の雨季と乾季に適応するため、深い根を発達させた。やや肥えた乾き気味の土が好き。スイカがオクラの葉陰にならないよう、50㎝以上距離を離して疎《そ》植《しょく》にすることがポイント。

先輩・後輩

タマネギ

水と養分が欲しい甘えん坊

野菜界きっての甘えん坊で、養分と水分をたっぷり欲しがるタマネギ。その跡地にはほどよい残肥があり、リン酸を供給する微生物の“菌根菌ネットワーク”も築かれているため、スイカがよく育つ。スイカの跡地もタマネギ向きなので、交互連作ができる。

△

要注意

ツルなしインゲン

センチュウを呼ぶので要注意

マメ科の根に共生する根粒菌の働きで土が活性化するものの、スイカにダメージを与える害虫、ネコブセンチュウを増やすため要注意。市民農園などセンチュウ被害の可能性がある場所では、とくに要注意。ただし、同じマメ科のエダマメなら、ベストフレンドになれる。

自根苗のスイカは葉ネギが必須アイテム

スイカは、アフリカの砂漠地帯出身。水も養分も少ない環境で生き残るため、ウリ科植物唯一の太い直根を発達させ、地下1～2mの水脈や養分を探し当てて吸収する能力を身につけました。現地では雨季にいっせいに発芽し、直根を地下深くへと伸ばし、乾季になると実を太らせて水分を蓄えます。ちなみに野生のスイカには毒やトゲがあり、「水スイカ」といわれる甘くないものが一般的でした。

スイカが日本に上陸したのは、一説では奈良時代以前。ただし、原産地と大きく違う日本の風土では、スイカは連作障害が出やすく、耐病性を高める接ぎ木技術がなかった時代は10年に一度しか同じ場所でつくることができないといわれたほどでした。〝甘いスイカ〟が誕生したのは、江戸時代。当時、日本では品種改良によってさまざまな品種のスイカが生み出され、独自の進化を遂げました。いまや日本のスイカは〝世界一甘くておいしい〟といわれるほど世界で人気があり、原産地の中近東にも逆輸入されています。

連作障害が出やすいスイカですが、現在は接ぎ木苗を使えば連作障害の心配はあまりありません。ただし、家庭菜園なら自根苗に挑戦して、本来のスイカの味を楽しむのもおすすめ。そのための必須アイテムが葉ネギです。ひとつの植え穴に一緒に植えれば、葉ネギの根に共生する拮抗菌が抗生物質を分泌して土壌消毒してくれるおかげで、スイカの連作障害や病気を予防できます。また、同じ砂漠出身のオクラを混植すると余分な水を吸ってくれて、雨によるスイカの実割れを防ぐこともできます。

葉ネギやオクラの混植テクニックで自根苗に挑戦しよう!

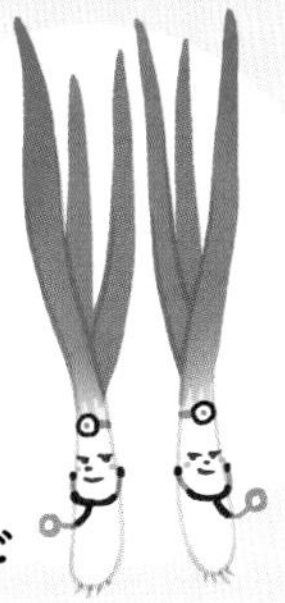

恋人

葉ネギ

スイカを病気から守る

根に共生する拮抗菌が抗生物質を出して土壌を消毒する、「畑の名医」こと葉ネギ。葉ネギをスイカの苗と一緒にひとつの穴に植えると、生長とともに根が絡み合い、連作障害を起こしやすいスイカをつる割れ病などの病気から守ってくれる。

ガードマン

マリーゴールド

センチュウ対策委員長

マリーゴールドの根に含まれる成分が、ネグサレセンチュウやネコブセンチュウなど有害センチュウの被害を軽減。アブラムシを遠ざけ、天敵を呼ぶ効果もあるといわれる。独特の強い香りがあり、すき込んでも防虫効果がある。

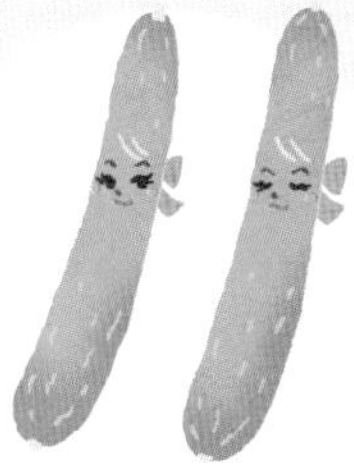

険悪ムード

キュウリ

スイカがツルボケする

ヒマラヤ山麓出身のお嬢様。冷涼な気候と水が大好きで、乾燥が苦手。過酷な環境に適応したスイカと違い、しっかり養分が必要で根が浅く広範囲に張る。近くで育てるとスイカがツルボケして実がつきにくくなり、実っても味がボケる。

これがスイカの 植え合わせベストプラン

解説

4月初め、スイカを植える場所にひと握りの堆肥を埋めて高さ10cmほど盛り上げ、そこに葉ネギを植えて“ネギ鞍”をつくっておく（26ページ参照）。

スイカは株間を1mとり、東に向かってツルが伸びるよう畝のやや西寄りに配置する。5月初め、スイカの苗を葉ネギと一緒に植えて、保温のためにあんどんで囲み、5月下旬になったらオクラのタネを1か所4粒ずつまく。オクラが光を遮らないよう、スイカから50cm離れた場所にまくことがコツ。発芽後、間引いて1か所2本ずつで育てると背が低めに抑えられる。

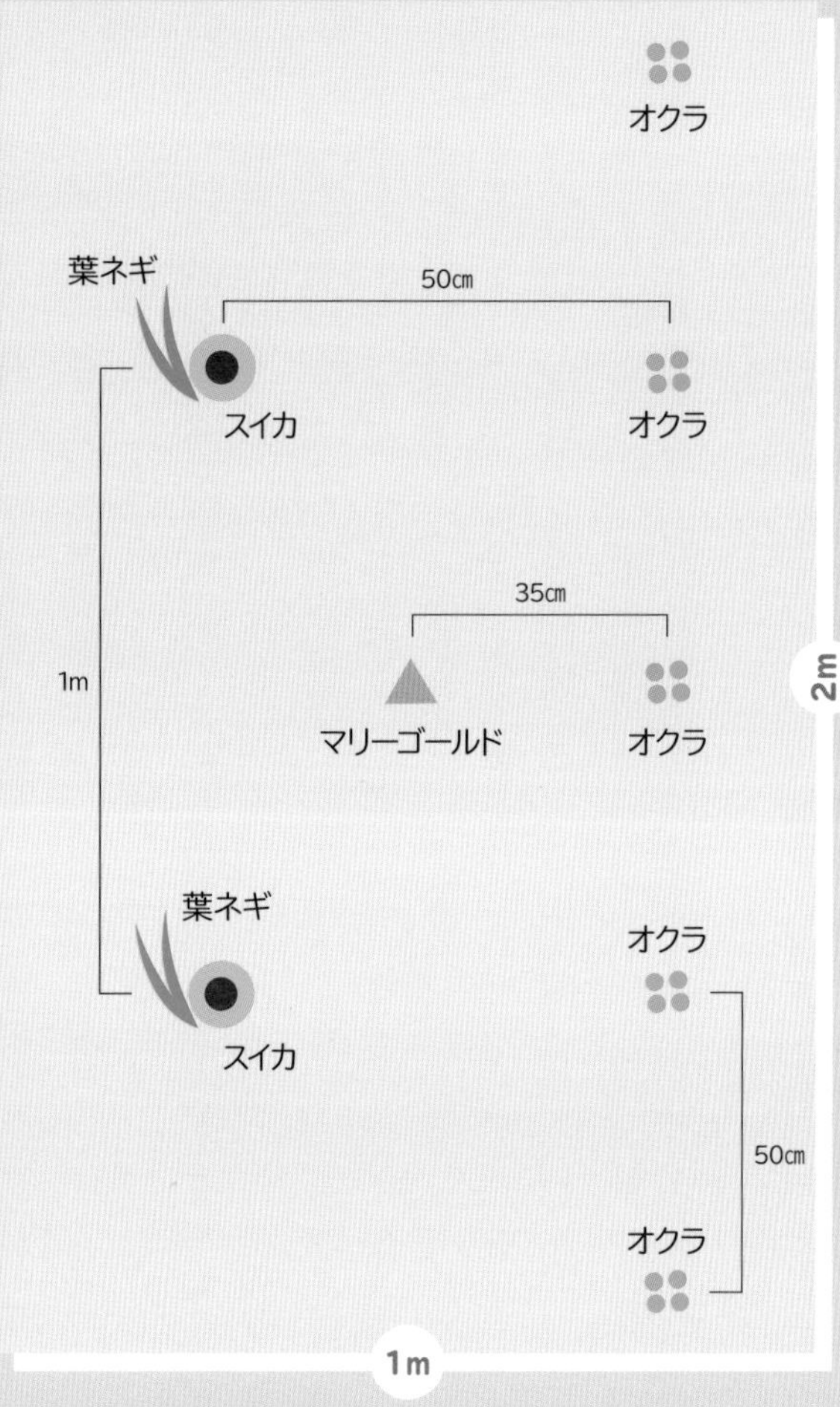

このあとの
ベストプランはこれ！

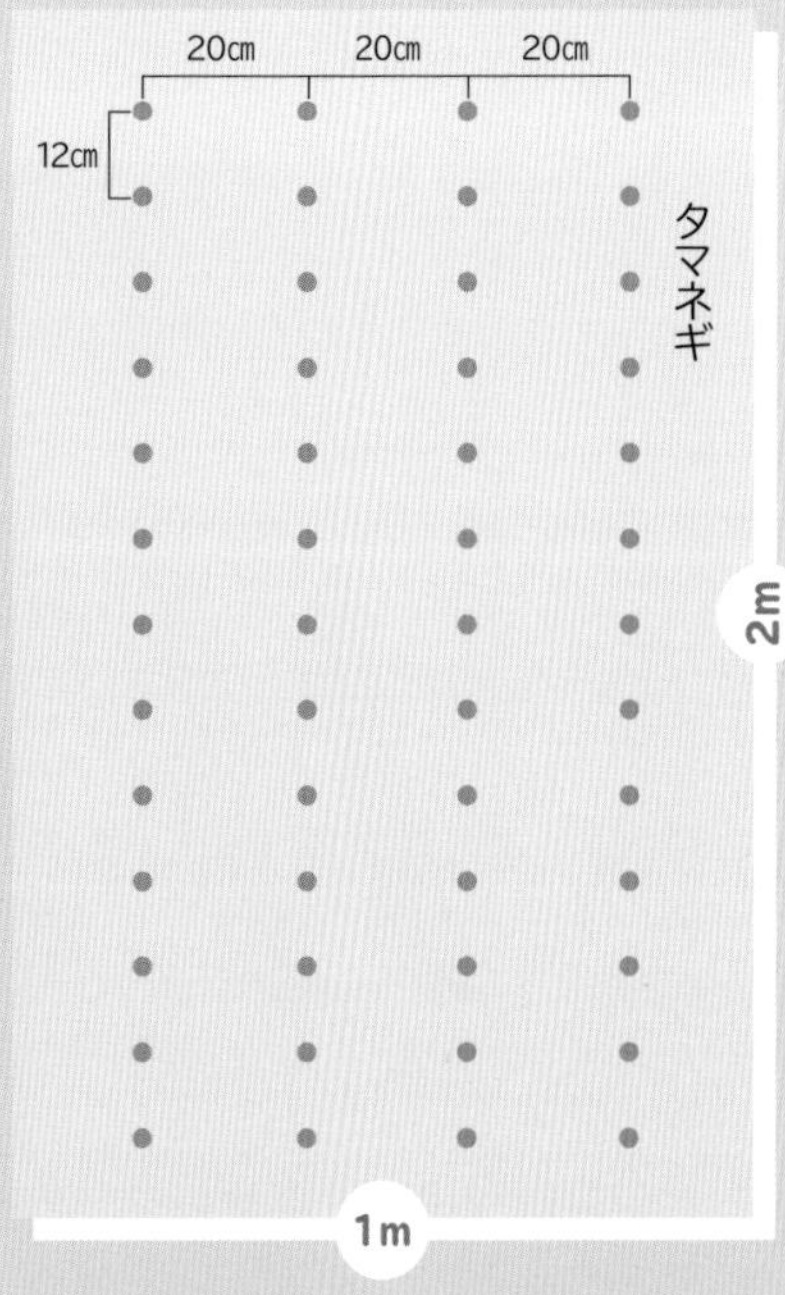

スイカと相性のよいリレーパートナーのタマネギを株間12cm、条間20cmで植える。このプランは交互連作もできる。翌年も同じ場所でスイカを育てるなら、スイカを東側に、オクラを西側に入れ替えて配置する。

ほかにもある！ スイカと野菜の相性

ハクサイ	前作× 後作×	しっかり施肥をして育てた秋冬野菜の跡地は、残肥が多くてスイカがツルボケしやすい。また、スイカが養分を吸いつくすので、スイカの跡地もこれらの野菜が育ちにくい。
レタス	前作× 後作×	
セロリ	前作× 後作×	
ホウレンソウ	前作× 後作△	ホウレンソウ跡地でのスイカ栽培は、上記野菜と同じ理由で×。ただし、スイカ跡地でのホウレンソウはそのままだと育ちにくいが、pH調整をし、堆肥などで土づくりをすればよく育つ。

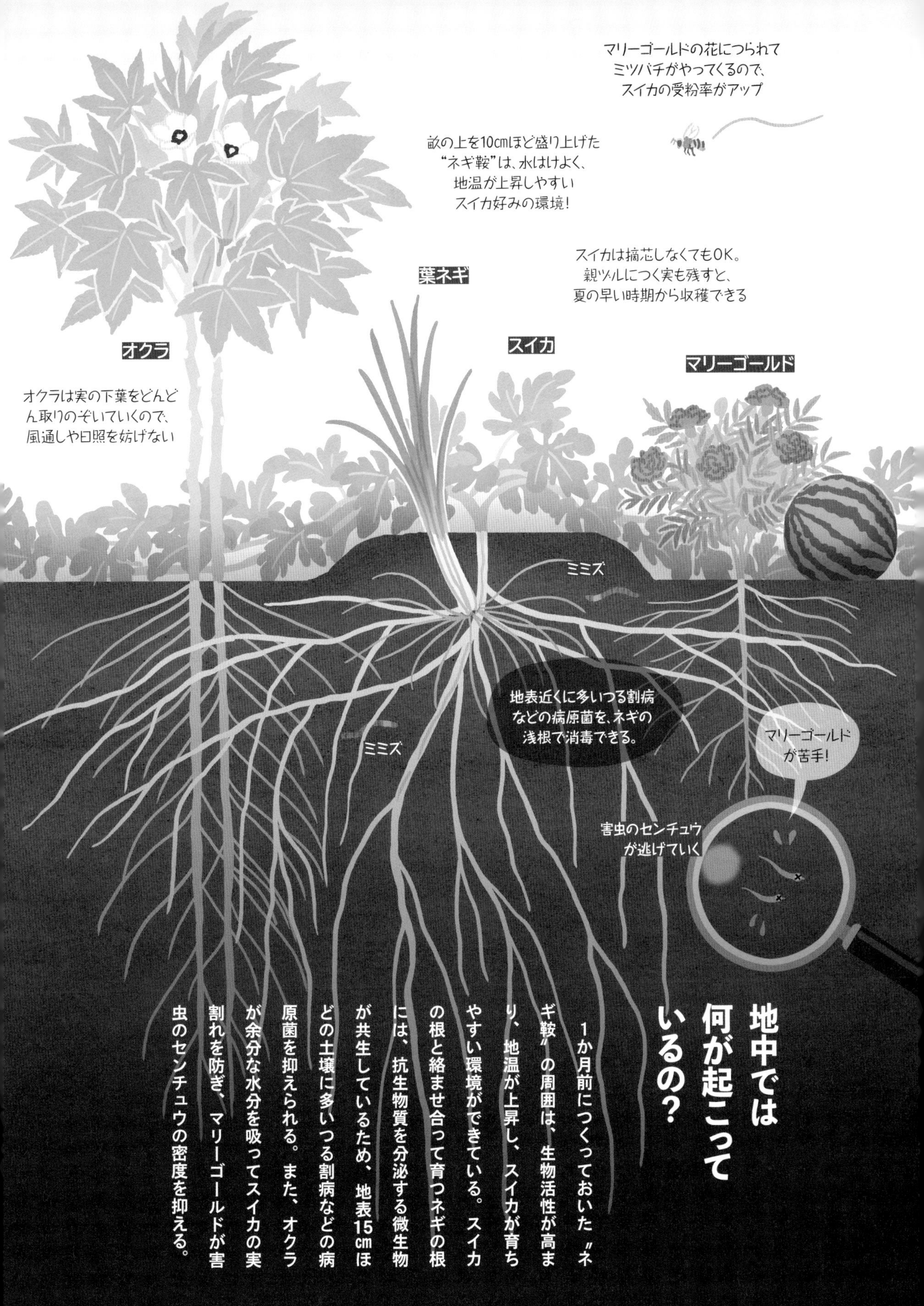
マリーゴールドの花につられて
ミツバチがやってくるので、
スイカの受粉率がアップ
畝の上を10㎝ほど盛り上げた
“ネギ鞍”は、水はけよく、
地温が上昇しやすい
スイカ好みの環境!
スイカは摘芯しなくてもOK。
親ヅルにつく実も残すと、
夏の早い時期から収穫できる
葉ネギ
オクラ
スイカ
マリーゴールド
オクラは実の下葉をどんどん取りのぞいていくので、
風通しや日照を妨げない
ミミズ
ミミズ
地表近くに多いつる割病
などの病原菌を、ネギの
浅根で消毒できる。
マリーゴールド
が苦手!
害虫のセンチュウ
が逃げていく

地中では何が起こっているの?

1か月前につくっておいた〝ネギ鞍〟の周囲は、生物活性が高まり、地温が上昇し、スイカが育ちやすい環境ができている。スイカの根と絡ませ合って育つネギの根には、抗生物質を分泌する微生物が共生しているため、地表15㎝ほどの土壌に多いつる割病などの病原菌を抑えられる。また、オクラが余分な水分を吸ってスイカの実割れを防ぎ、マリーゴールドが害虫のセンチュウの密度を抑える。

自然菜園流

おいしいスイカを育てるコツ

畑の準備

4月上旬

ネギ鞍《くら》をつくる

スイカはもともと砂漠で、前年の実が朽ちて豊かになった場所に発芽する。そうした部分的に豊かな環境を再現するため、ひと握りの堆肥を深さ20㎝くらいに埋め、畝の上に高さ10㎝、直径30㎝ほどの盛り上がり（＝鞍つき）をつくっておく。この形状により、地温が上がりやすく、水はけのよい砂漠に似た環境を再現できる。さらに頂上に葉ネギを１本植えておくことで、土壌消毒できるとともに有機物の分解が進みやすくなる。

植えつけ

5月上旬

ネギをいったん抜いてから、ネギと一緒に浅植えにする

ネギ鞍の葉ネギをいったん抜いて、あらためてスイカの苗と一緒に植える。葉ネギを抜いて根にダメージを与えることで、スイカの初期生育が促進。真夏に収穫するためには、５月上旬に植える。ただし、この時期はまだスイカにとっては気温が低めなので、「あんどん」で囲むことにより、寒さや風で弱ることなく、生育を促進できる。６月上旬、十分地温が上がってからあんどんをはずす。

スイカは摘芯しないでＯＫ。摘芯すると実つきが遅くなり、管理が難しくなる。

植えたらすぐ、
草の上からたっぷりの米ぬかをまく

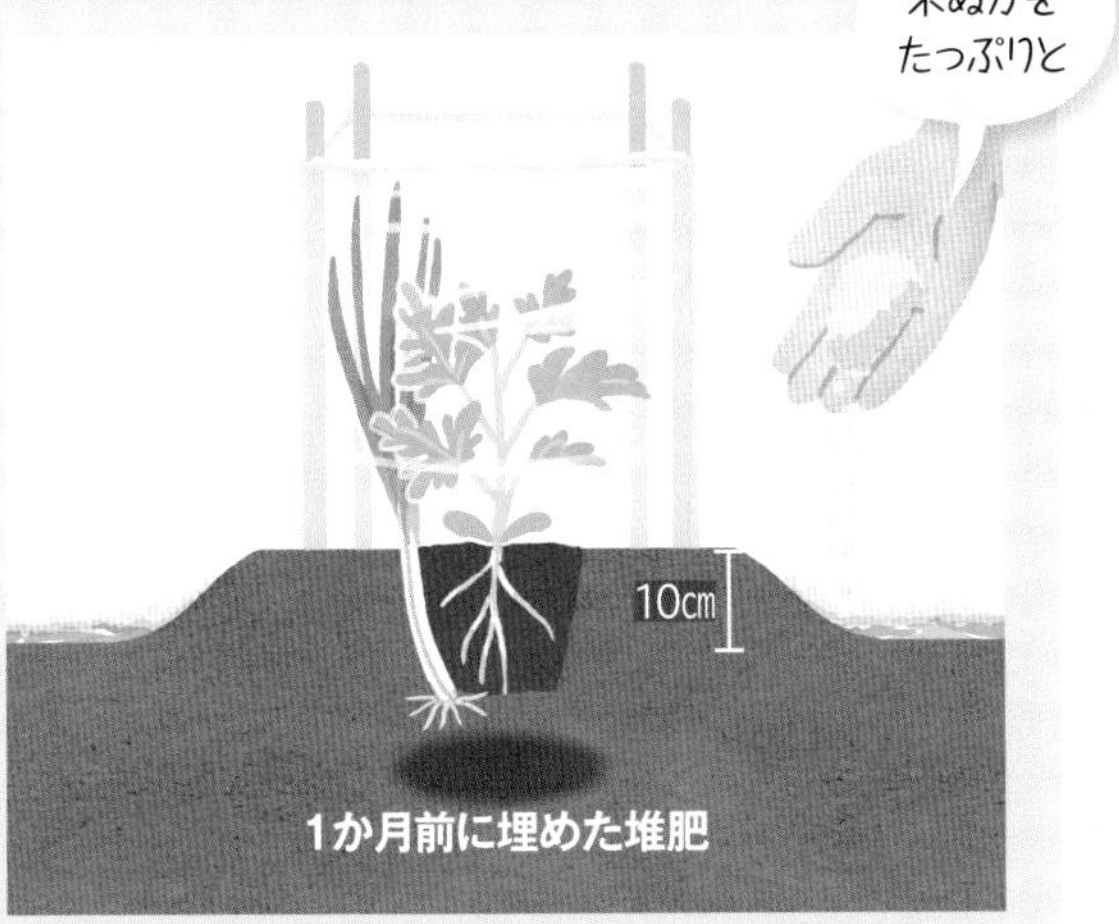

植えたらすぐに「あんどん」（四隅に支柱を立ててビニールやラップで囲む）を立てて、その周りに刈り草を敷き、その上から1㎡あたり1ℓくらいの米ぬかをたっぷりまく。これだけでしっかり甘くなる。スイカは吸肥力が強く、あとから肥料を与えると腐りやすくなるため、追肥は一切しない。また、前もって施肥するとツルボケしやすくなる。

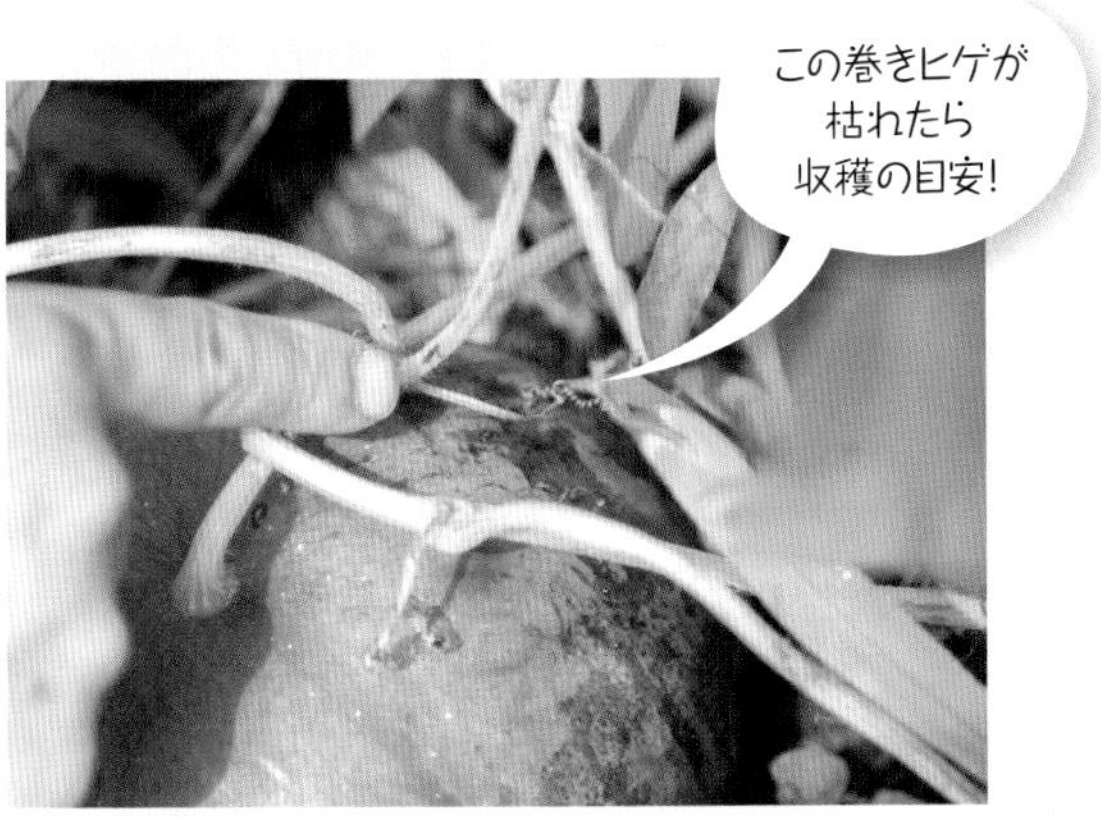

収穫

8中旬**-8**下旬**月**

収穫時期の見極めは「巻きヒゲ」と「音」でダブルチェックを

スイカ栽培で意外に難しいのが、収穫時期の見極め方。実の近くの葉の付け根にある巻きヒゲが枯れたら、収穫時期の合図。同時に実を叩いてみて、ポンポンッと張るような音がしたらしっかり果肉が詰まって熟している。未完熟で果肉が白いとガッカリなので、ダブルチェックで収穫時期をしっかり見極めよう。

栽培スケジュール

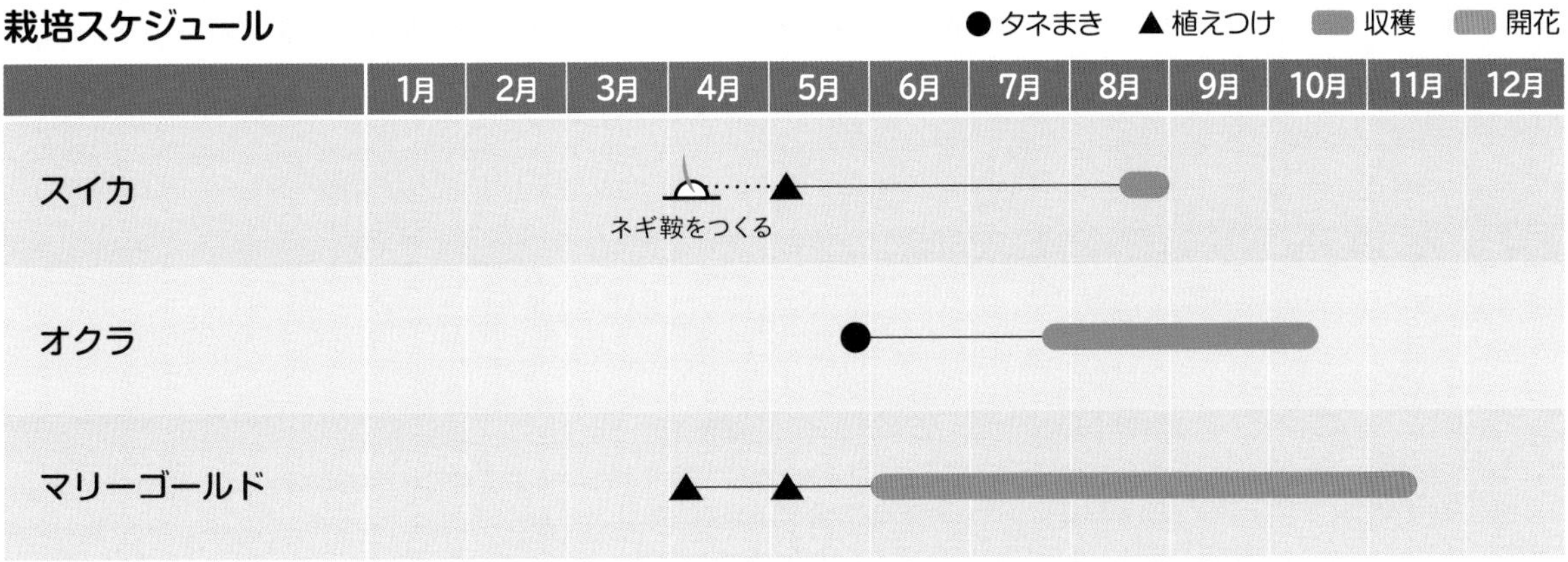

ベストプラン
6
トウモロコシ

トウモロコシ&
カボチャ&インゲンは
“古代ゴールデントリオ”

余った養分の
おそうじは
私におまかせ！

こぼれダネでは発芽しない
「不自然な野菜」に進化

5000年以上前から、南米で主食として育てられてきた。ネイティブアメリカンはトウモロコシ、インゲンとカボチャを混植することで、不作のリスクを防ぎ、持続可能な農業を実践していた。長年、人間がタネをまき続けた結果、こぼれダネでは決して発芽しない、完全な「作物」に進化。余分な養分を吸って土をすっきりさせる畑のそうじ屋さん。

先輩・後輩

エダマメ

ひと足先に畑で土づくり

エダマメの根に共生する微生物の働きにより、土をにぎやかにする「畑の盛り上げ役」。トウモロコシよりも半月ほど早くエダマメをまくと、土が豊かになっているため、トウモロコシが育ちやすい。トウモロコシを好む害虫のアワノメイガ、エダマメを好む害虫のカメムシをお互いに遠ざけられる。

友達

サトイモ

お互いに助け合う友人同士

サトイモは地温が28度を超えると高温障害になり、子イモの肥大が悪くなるが、背の高いトウモロコシの隣は、日差しが遮られて涼しい。そのため、サトイモの収量が上がる。また、サトイモは窒素固定能力が高いため、トウモロコシを少ない肥料で育てられ、アブラムシ被害を防げる。お互いに生長促進するコンビ。

険悪ムード

サツマイモ

光も養分も奪われる

近くに混植すると、トウモロコシが日陰をつくってサツマイモに光が当たらない。また、自分で窒素を固定して育つ能力を持つサツマイモは痩せ地でよく育つが、一方で養分大好きなトウモロコシ向きの肥沃な場所は不向き。肥沃地ではツルボケになり、サツマイモの収量が減りやすい。

古代南米では混植によって不作を回避していた

　トウモロコシは5000年以上前から南米で主食として栽培されてきた、地球上でもっとも歴史のある作物のひとつ。ネイティブアメリカンはカボチャ、インゲンと植え合わせることで、持続可能な食料の生産を実現していました。カボチャは地面を這って土の乾燥を防ぎ、インゲンはトウモロコシに上って育ちながらマメ科の根に共生する根粒菌が窒素を供給して土が痩せるのを防ぎます。

　現在、家庭菜園で育てる野菜の中で、トウモロコシは唯一のイネ科の野菜です。イネ科は強い吸肥力を持ち、余った養分を吸い上げて土をクリーンアップし、連作障害の予防に役立ってくれる存在。なかでも草丈1m以上になるトウモロコシは、地中にも深さ1mの根を伸ばし、団粒構造の発達したよい土づくりに役立ってくれます。ちなみにトウモロコシは1本の株に雄花と雌花がタイミングをずらして咲き、花粉が風で飛ばされてつく「風媒花」なので、同じ品種を10本以上植えることがポイント。同じ時期に違う品種が500m以内にあると交雑しやすく、味が落ちるので要注意です。

　また、トウモロコシはアワノメイガなどの害虫、ハクビシンやカラスなどの鳥獣害被害が多い作物のひとつでもあります。そんな被害の軽減にも役立つのが、インゲンやカボチャの混植です。過乾燥や土が痩せるのを防ぐうえ、いろいろな野菜が混植されていることで害虫や鳥獣に見つけられにくくなります。

トウモロコシは
受粉のために
同じ品種を10本以上
育てるのがコツ

先輩・後輩

カボチャ

トウモロコシの下で這って育つ

トウモロコシの古代コンパニオンプランツのひとつ。背の高いトウモロコシの下を、カボチャのツルが這って育つことで空間を立体的に利用でき、土の乾燥防止にも役立つ。同じように這って育つ地這いキュウリも、トウモロコシと相性バッチリ。6月の遅まきなら、暑さに強い「バターナッツ」「黒皮かぼちゃ」など、日本カボチャの仲間がおすすめ。

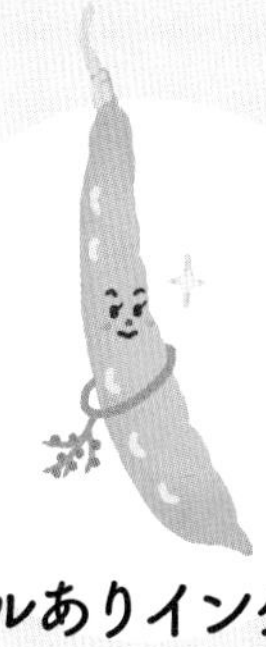

先輩・後輩

ツルありインゲン

トウモロコシのあとから育つ

トウモロコシの古代コンパニオンプランツのひとつ。トウモロコシの草丈が40cm以上になってから、ツルありインゲンのタネをまくと、トウモロコシを支柱にしてどんどん上って育つ。ツルなしインゲンなら、トウモロコシと同じタイミングか、少し早めにまく。インゲンとの混植でトウモロコシのアワノメイガ被害が減る。

険悪ムード

トマト

トウモロコシが日差しを遮る

南米アンデス山地出身で、カラッとした気候と太陽が大好き。そんな陽気な南米ガールのトマトは、トウモロコシと混植NG。背の高いトウモロコシが日陰をつくるので、トマトの元気がなくなってしまう。ちなみに同じナス科のナスは、さらに大好きな水分もトウモロコシに奪われるため、共存できない。

これがトウモロコシの  植え合わせベストプラン

解　説

ネイティブアメリカンが実践していた、古代コンパニオンプランツの植え合わせ。

まず6月上旬までに、カボチャ苗を定植。同時にツルなしインゲンとトウモロコシのタネをまく。さらにトウモロコシが40㎝ほどに育ったら、ツルありインゲンをまく。カボチャはトウモロコシの株間を這って育ち、ツルありインゲンはトウモロコシに絡まりながら生長する。配置のポイントは、トウモロコシの株間を単植栽培よりも広く50㎝とること。狭いと病虫害が出やすく生育が悪くなる。

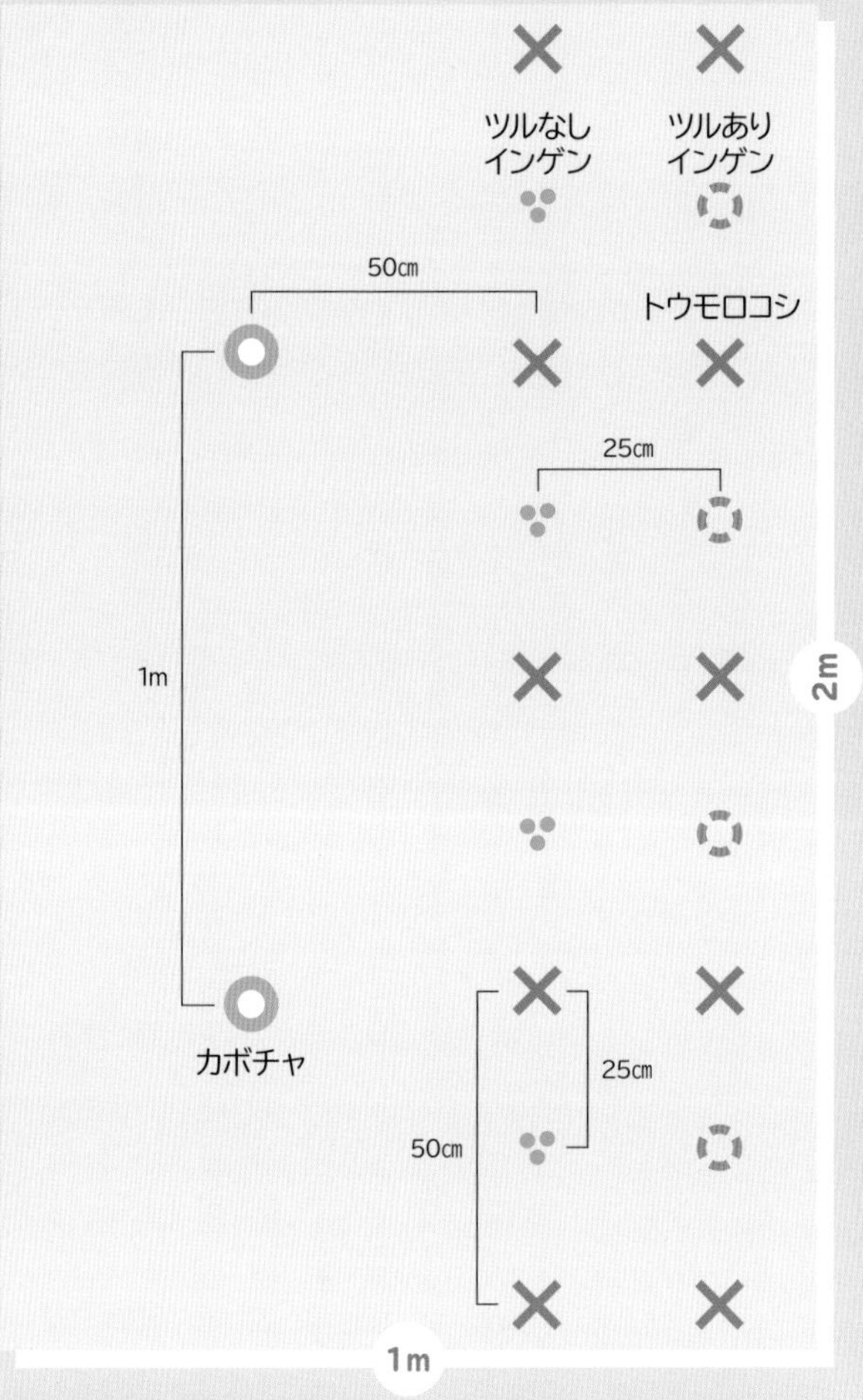

このあとのベストプランはこれ！

トウモロコシ、カボチャは収穫後も片付けず茂らせておく。9月上旬から10月上旬、その茂っている上からカラシナ、カブ、タアサイなどのタネを混ぜてバラまく。これらは雑草の勢いに負けずに育つ野菜。タネをバラまいたら、雑草やカボチャを地際（生長点）で全部刈って敷くと、覆土しなくても発芽する。収穫中のインゲンが絡まっているトウモロコシは残す。

「生きているエアコン」、スベリヒユ

乾燥に強く、地面全体を覆ってしまう雑草のスベリヒユ。気圧と水分に敏感で、乾燥するとペタッと地面を覆い、湿度が高くなると立ち上がって株元を涼しくしてくれる「生きているエアコン」だ。昔から、トウモロコシの株元をスベリヒユが覆うと豊作になるといわれてきた。また、ほかの草が生えるのを防ぎ、余計な窒素を吸収してアブラムシも防いでくれる。除草せずに、ぜひそのまま生かしておこう。

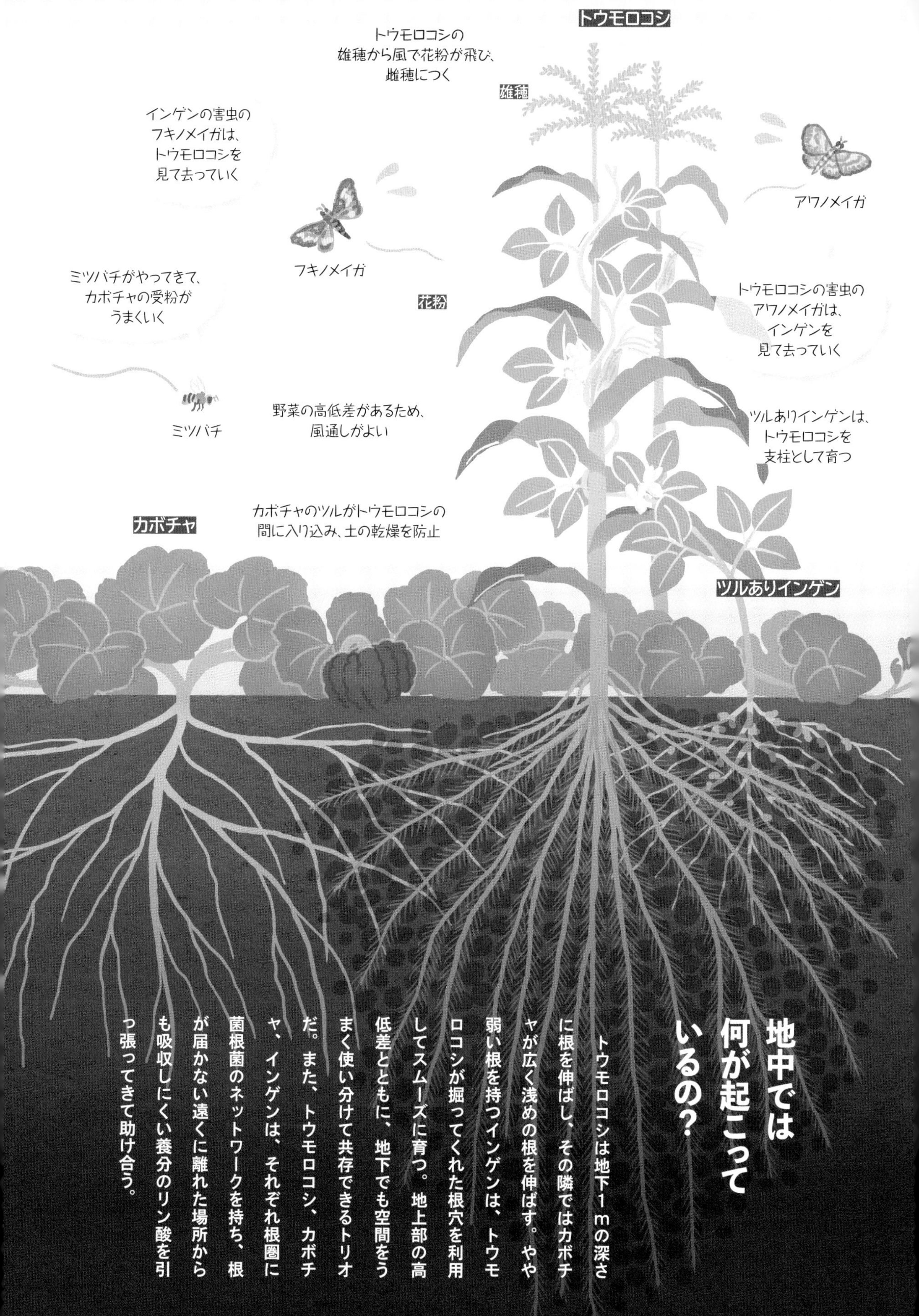
トウモロコシ
トウモロコシの
雄穂から風で花粉が飛び、
雌穂につく
雄穂
インゲンの害虫の
フキノメイガは、
トウモロコシを
見て去っていく
アワノメイガ
フキノメイガ
ミツバチがやってきて、
カボチャの受粉が
うまくいく
花粉
トウモロコシの害虫の
アワノメイガは、
インゲンを
見て去っていく
ミツバチ
野菜の高低差があるため、
風通しがよい
ツルありインゲンは、
トウモロコシを
支柱として育つ
カボチャ
カボチャのツルがトウモロコシの
間に入り込み、土の乾燥を防止
ツルありインゲン

地中では何が起こっているの？

トウモロコシは地下1mの深さに根を伸ばし、その隣ではカボチャが広く浅めの根を伸ばす。やや弱い根を持つインゲンは、トウモロコシが掘ってくれた根穴を利用してスムーズに育つ。地上部の高低差とともに、地下でも空間をうまく使い分けて共存できるトリオだ。また、トウモロコシ、カボチャ、インゲンは、それぞれ根圏に菌根菌のネットワークを持ち、根が届かない遠くに離れた場所からも吸収しにくい養分のリン酸を引っ張ってきて助け合う。

自然菜園流

おいしいトウモロコシを育てるコツ

タネまき　5下旬-6上旬月

尖った方を下向きにし、土に挿し込む

しっかり押さえる

トウモロコシは最適発芽温度が30～35度と高い。そのため、十分に地温が高くなってからまくこと。「完全な作物」として進化したトウモロコシは、普通にまくとなかなか発芽しない。コツは、タネの尖った方を下向きにして指で挿し込むようにまくこと。１か所に３～４粒まくと、発芽したことがわかりやすい。草丈が15㎝くらいになったときに間引いて、必ず１本にする。間引きが遅れると共倒れになる。受粉不良を防ぐため、同一品種を10本以上２列でまく。

たくさん育てる場合は「追いまき」でさらに受粉率アップ

トウモロコシの草丈が 30㎝になったら、隣の畝に新たに10 本以上２列でトウモロコシのタネをまく。この「追いまき」を繰り返すと、雄穂と雌穂のピークが合いやすくなる。

生育中期　6月

アワノメイガ対策＆受粉率アップ作戦

トウモロコシの草丈が40㎝以上になったら、株元から25㎝離れた位置にツルありインゲンのタネをまく。トウモロコシにツルありインゲンが絡まって育つことで、害虫のアワノメイガの目隠しとなり、被害を減らせる。また、アワノメイガは、トウモロコシの先端につく雄穂を目印にしてくる。そのため、花粉が出なくなりかけた雄穂は早めに切って、雌穂に花粉をつけて人工授粉する。カットした雄穂は、草マルチと一緒に敷く。

最初についた実を残して育てる。

カボチャと混植。

収穫　8中旬-9中旬月

皮をめくってみて食べ頃を確認しよう

トウモロコシの収穫は、1株につき1本。1株に2つくらいの雌穂がつくが、最初についた方の実を残して育てる。2番目以降についた実はヒゲが透明な小さいうちに収穫すると、ヤングコーンとしてまるごと食べられる。少量なら畑のおやつとしてその場で生で食べたい。ちなみにトウモロコシの若いヒゲは、透明で甘く、サラダに入れてもおすすめ。トウモロコシの収穫は、皮をめくってみて食べ頃を確認してから採ろう。時期が早いと実が小さく、収穫が遅れるとシワシワになりかたく、甘くなくなる。

栽培スケジュール

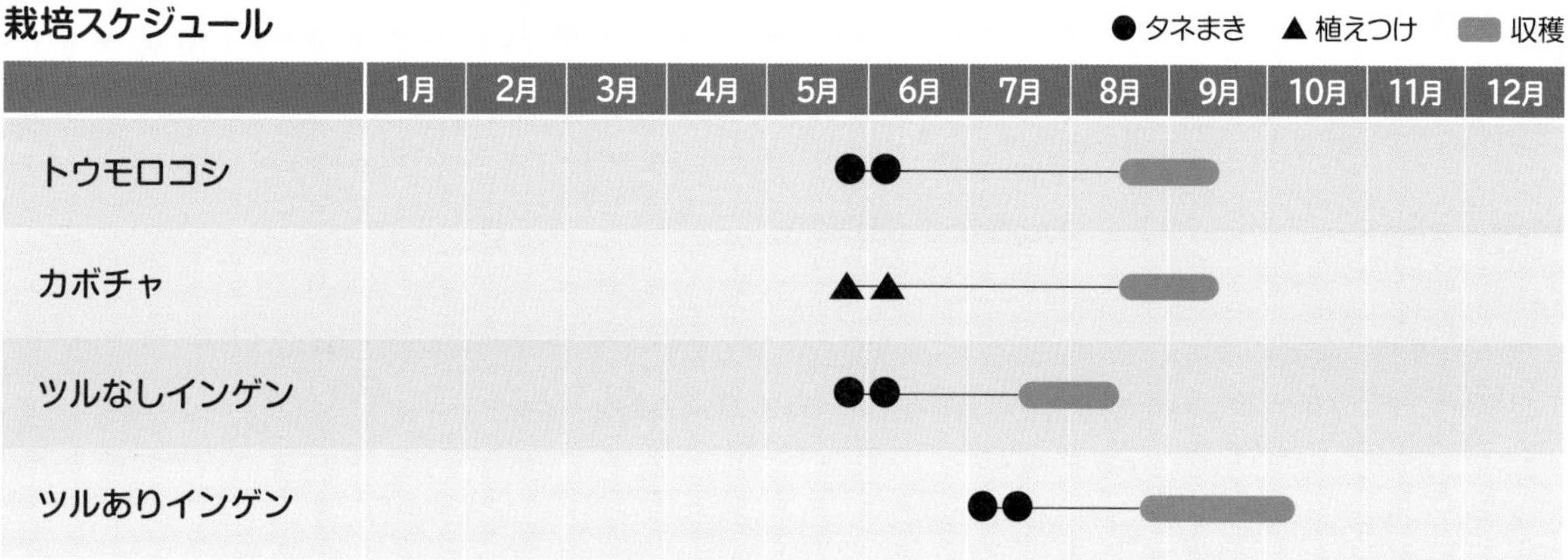

ベストプラン
7

レタス

暑さに弱いレタス一族をブロッコリーが日傘になって守る

個性派ぞろいのレタス三兄弟

地中海沿岸から西アジア出身。涼しい気候を好み、日本のじめじめした暑い夏は苦手。大きく分けると野生種に近く育てやすいリーフレタスとアブラムシなど病虫害にあいやすい玉レタスがある。リーフレタスの仲間のサラダ菜は、暑さが比較的得意で初夏まで採れる。

親友

ブロッコリー

相性抜群のベストフレンド

相性バッチリの大親友。ブロッコリーを狙ってやってくる虫をレタスが遠ざけ、ブロッコリーが未熟な有機物を分解してレタス好みの土をつくり、レタスにとって快適な涼しい半日陰の環境をつくる。ブロッコリーの代わりにキャベツ、カリフラワーでもOK。混植でも前後作でも◎。

親友

ニンジン

玉レタスをアブラムシから守る

ニンジンとレタスは、隣同士で育つとお互いに生長促進するコンビ。とくに相性がいいのは玉レタス。セリ科のニンジンが独特のにおいを放って、玉レタスにつくアブラムシを遠ざける。キク科のレタスは、ニンジン葉を食害するキアゲハを遠ざける。レタスとの条間は40㎝がちょうどいい。

同級生

ルッコラ

レタスと一緒にバラまき ベビーリーフで収穫

レタスのタネをバラまきにし、ベビーリーフとして収穫する栽培では、ルッコラとの相性がもっともいい。隣同士で育てる混植はもちろん、レタスとルッコラのタネを混ぜてまいても大丈夫。お互いに生長促進する。ルッコラは強いので、レタスに負けずに育つ。

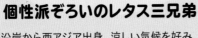

ブロッコリーとは持ちつ持たれつのよい関係

　地中海沿岸から西アジアが原産地とされ、涼しい気候を好むレタス。タンポポやゴボウと同じキク科の仲間で、日本では明治時代、西洋の食文化の浸透とともに本格的な栽培が始まりました。

　キク科の植物は病虫害にあいづらいため育てやすいといえますが、レタスは種類によって栽培の難易度がだいぶ異なります。

　まずレタスの仲間でもっとも育てやすいのは、野生種の姿に近く、結球しないリーフレタス。とくに赤葉のサニーレタスは、「赤色」が虫に嫌われるので、虫に食べられやすいアブラナ科との混植も◎。同じく結球しないサラダ菜は比較的暑さに強く、初夏まで収穫できるので、ほかのレタスと時期をずらしてリレー栽培すると、長期にわたってレタスを楽しめます。

　もっとも栽培が難しいのは、品種改良が進んだ玉レタス。痩せた土では結球せず、養分過多ではアブラムシの被害にあいやすいという気難しさ。また、結球してから雨に当たると軟腐病《なんぷびょう》などの病気を招きやすくなります。

　そんなすべてのレタスの親友になれるのが、ブロッコリー。ブロッコリーの木陰は涼しく、レタスにとって快適。一方、虫に嫌われるキク科のレタスがブロッコリーを虫の食害から守ります。また、玉レタスとはニンジンも相性ピッタリ。セリ科のニンジンがアブラムシを遠ざけ、キク科の玉レタスがニンジンの葉を食害するキアゲハを遠ざけ、混植するとお互いに生長促進します。

個性派ぞろいの
レタス一族は、時期を
ずらせば初夏まで
長く収穫できます

カブ

レタス好みの土をつくる大和なでしこ

「日本書紀」にも登場するアブラナ科のカブは、未熟な有機物をどんどん分解して吸収。キク科のレタスは違う好みの養分を吸うため、養分をめぐってケンカにならず、生長促進。また、お互いにやってくるアブラムシの種類が異なる一方、益虫を呼び合うため、アブラムシ被害を軽減。

ピーマン

ピーマンの隣が涼しくて快適

春まきレタスの隣にピーマンを植えると、ピーマンがほどよい半日陰をつくり、日差しからレタスを守ってくれる。初夏、レタスがトウ立ちしたら地際で切ると、ピーマンがのびのびと最盛期を迎えられる。9月、少し場所を変えて再びレタス苗をピーマンの隣に植えると、レタスが半日陰でよく育つ。

ニラ

浅い根同士で戦い、勝者のニラも疲れ果てる

ニラとレタスを近くで育てると、お互いに浅い根がぶつかってガチンコ勝負に！　ニラの方がやや優勢で、レタスは負けて生育しない。とくに玉レタスは完全に生長が止まり、もちろん結球しない。勝者のニラも戦って痩せ、おいしくなくなる。

これがレタスの植え合わせベストプラン

解　説

3月〜4月上旬に玉レタスとサニーレタスの苗を植え、3月中旬〜4月中旬にブロッコリー、キャベツ、カリフラワーの苗を植える。中央のニンジンは、まだレタスなどが小さい4月中旬までにスジまきにする。少し遅れて5月初めまでに、暑さにやや強いサラダ菜、半結球レタスの苗を植える。

ポイントは、アブラナ科（ブロッコリー、キャベツ、カリフラワー）とキク科（レタスの仲間）の場所を毎回チェンジして連作すること。ブロッコリー類を育てたあとは、レタス好みの土ができている。

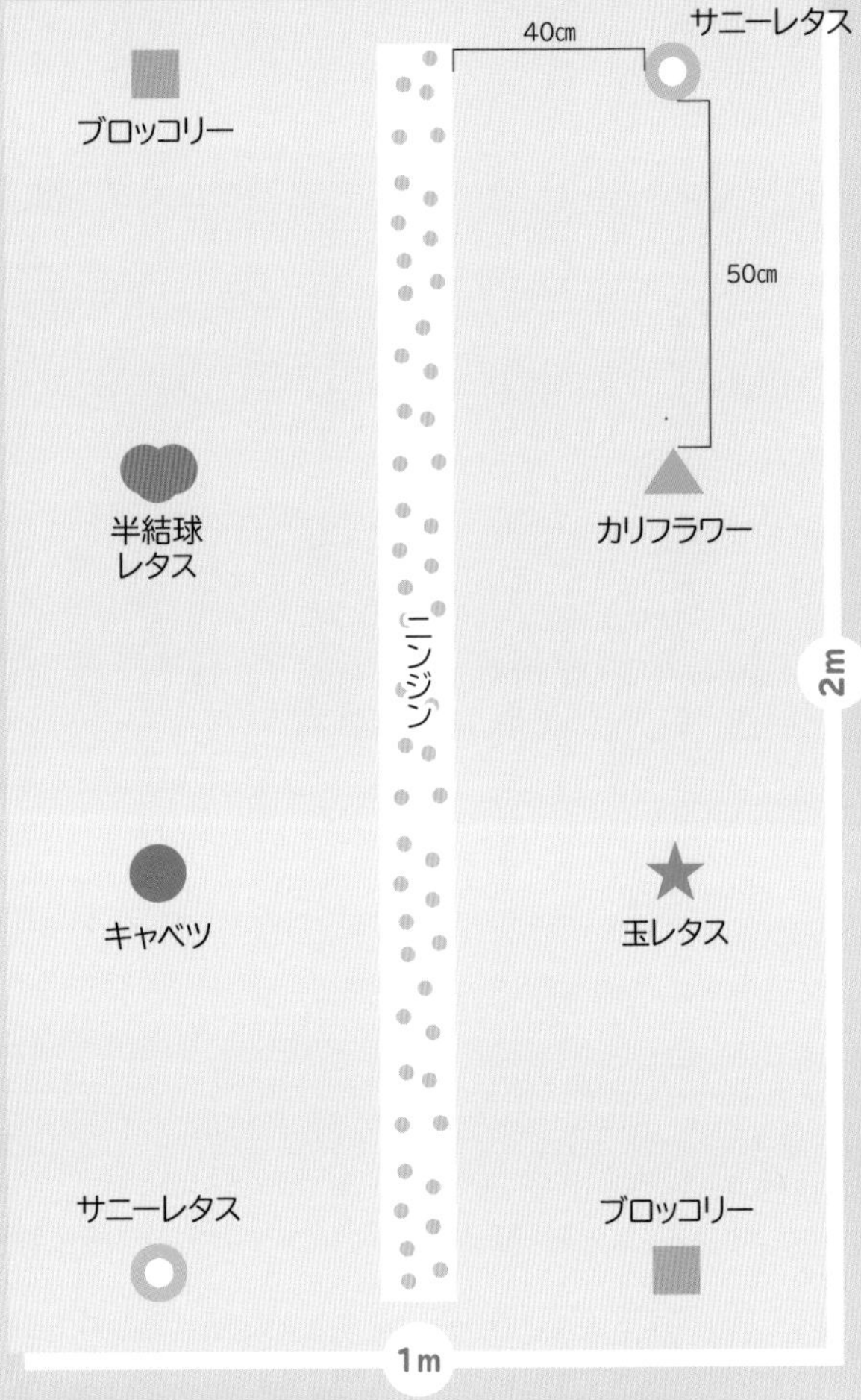

このあとの
ベストプラン
はこれ！

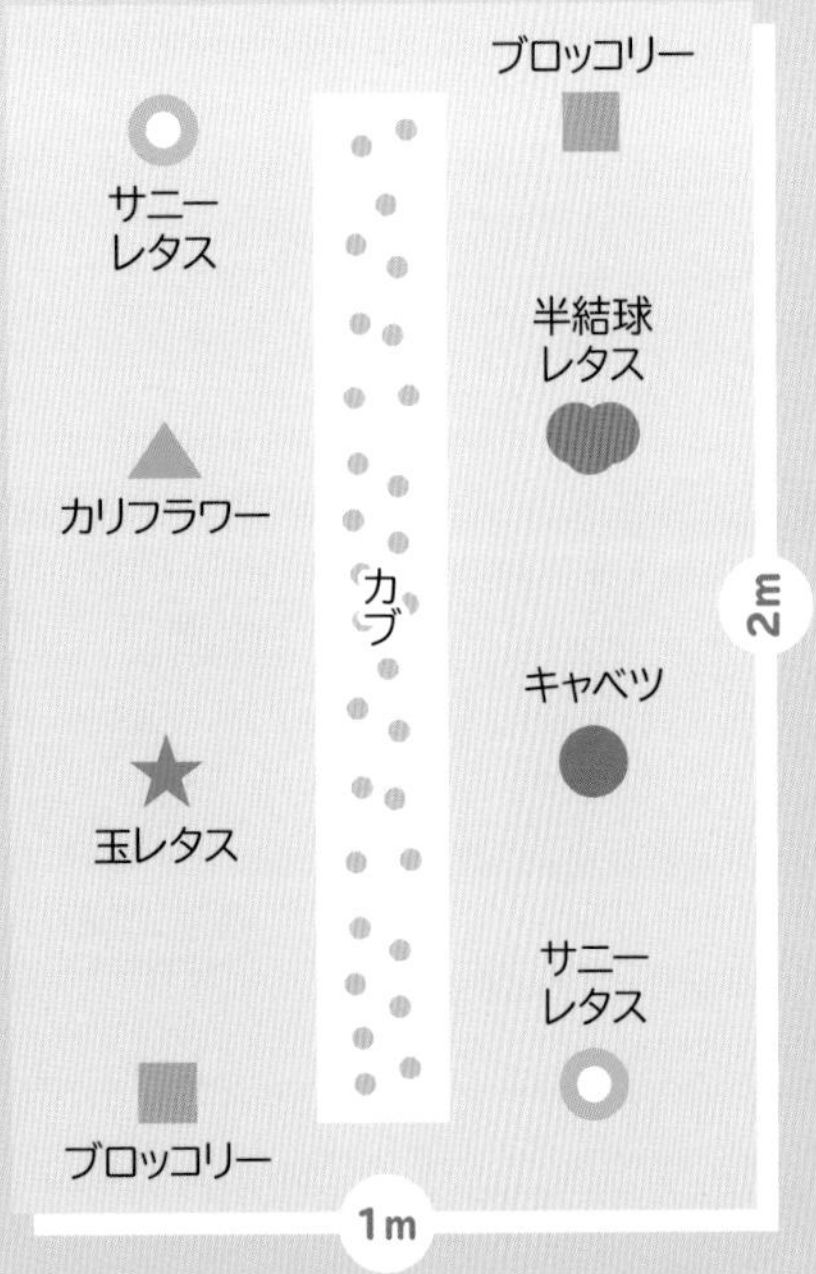

春まきニンジンを収穫したあと、9月にカブをまき、その両脇のアブラナ科（ブロッコリー、キャベツ、カリフラワー）とキク科（レタス）は場所をチェンジして、栽培を再スタート。毎年、交互連作できる。

ほかにもある！ レタスと野菜の相性

タマネギ	前作◎ 後作◎	タマネギがよく育ったあとの土壌は豊かなので、気難しい玉レタスが無施肥でよく育つ。タマネギには土壌消毒の効果もある。レタスのあとに施肥して土づくりをするとタマネギがよく育つ。
キュウリ	前作◎ 後作◎	レタスの跡地は、キュウリがツルボケしづらい。夏、キュウリの畝の空いている場所にレタスを植えると、半日陰でレタスが育ちやすい。
エダマメ	前作◎ 後作◎ 混植◎	生長促進コンビ。混植ではレタスがエダマメのカメムシを遠ざけ、エダマメの根に共生する根粒菌が窒素を固定するため、追肥不要でレタスがよく育つ。エダマメの跡地は夏まきレタス向き。
ハクサイ	前作◎ 後作◎ 混殖◎	秋冬にハクサイがよく育った場所は、無肥料でレタスがよく育つ。秋にレタスとハクサイを混植するのも◎。

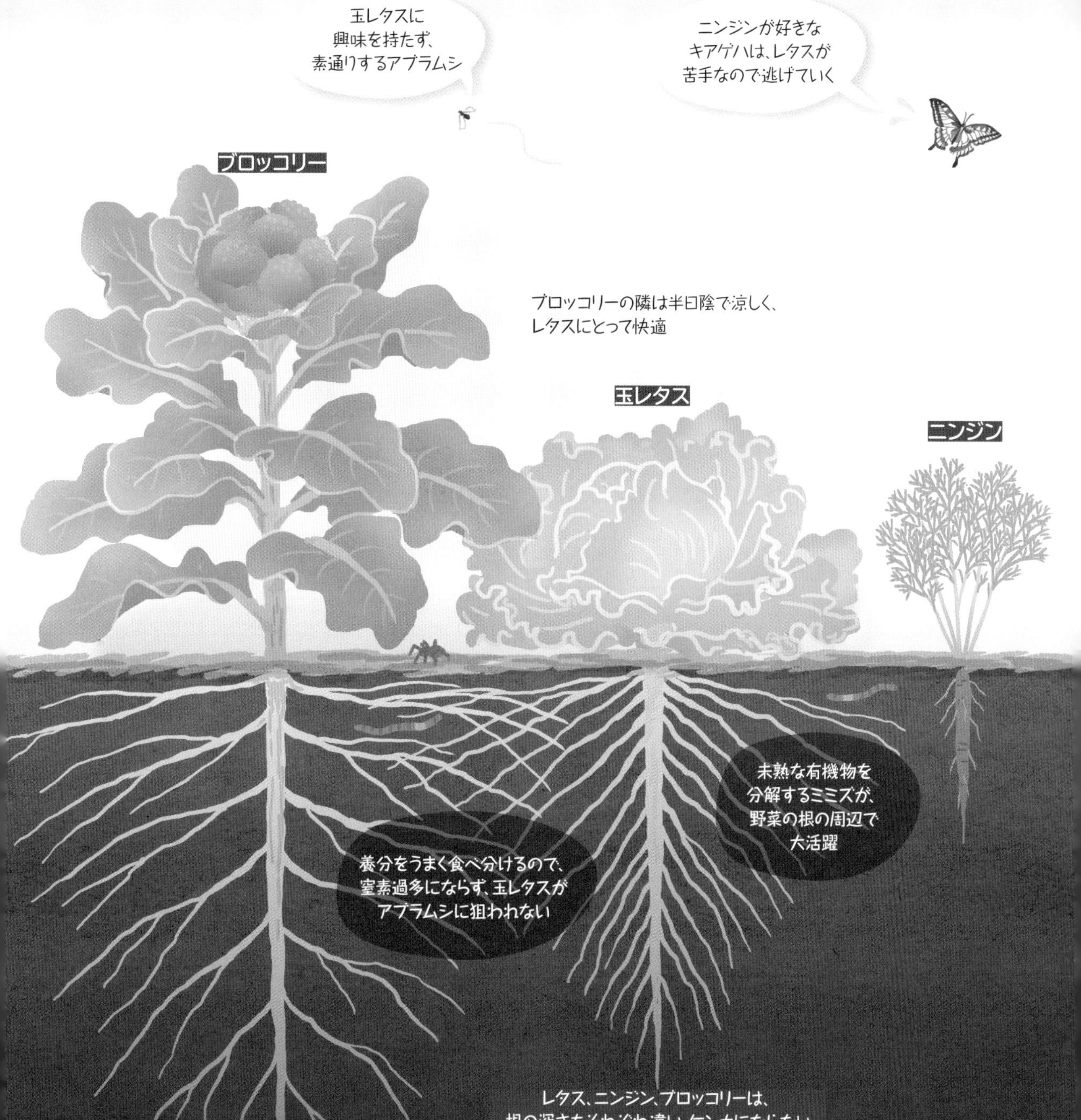
玉レタスに
興味を持たず、
素通りするアブラムシ
ニンジンが好きな
キアゲハは、レタスが
苦手なので逃げていく
ブロッコリー
ブロッコリーの隣は半日陰で涼しく、
レタスにとって快適
玉レタス
ニンジン
未熟な有機物を
分解するミミズが、
野菜の根の周辺で
大活躍
養分をうまく食べ分けるので、
窒素過多にならず、玉レタスが
アブラムシに狙われない
レタス、ニンジン、ブロッコリーは、
根の深さもそれぞれ違い、ケンカにならない

地中では何が起こっているの？

ニンジンとブロッコリーが根から根酸を出すことによって、地中の有機物が分解され、レタスが好きな硝酸態窒素を含む分解の進んだ土にしてくれる。ブロッコリー（アブラナ科）、レタス（キク科）、ニンジン（セリ科）とそれぞれ科が違い、少ない養分でもお互いにうまく分け合って吸収するため、ケンカにならず、栄養が分散するため「メタボ」にならない。また、窒素過多にならないため、玉レタスがアブラムシ被害にあわずに済む。

自然菜園流

おいしいレタスを育てるコツ

ブロッコリーよりも1週間以上前にレタスを先に植える。

秋植えは9月

植えつけ 3-4月上旬

サラダ菜、半結球レタスは左ページのスケジュールを参照

混植する場合はほかの野菜と40㎝離す

レタス苗は植えつけの３～４時間前、ストチュウ水（36ページ参照）を３㎝ほど入れたバケツにポットごと浸けて、底面給水しておく。植えつけ後、水やりはしない。こうすることで、自ら根をしっかり伸ばすため、頻繁な水やりが必要なく、干ばつ対策にもなる。ブロッコリーやニンジンと混植する場合、最低40㎝離すことがポイント。間隔が狭いと、レタスとケンカしてブロッコリーやニンジンが負けて育たない。

敷き草がレタスの苦手な泥のはね返りを防ぐ。

秋植えは10月

生育初期・中期 4-5月中旬

草を刈って敷き、泥のはね返りを防ぐ

暖かくなってくると草の勢いに負けやすくなるので、地際で草を刈って敷く。敷いた草が泥のはね返りを防ぐとともに、その下では有機物を分解するミミズなどの生物が集まって土づくりをしてくれる。レタスは水が不足すると葉がかたくなり、おいしくなくなるので、１週間雨が降らなかったら、夕方にストチュウ水をジョウロでたっぷりかける。ただし、玉レタスは結球が始まったら葉には水やり禁止。結球してから水やりをする場合は、葉に当てないように水やりしよう。

玉レタスは、球がややかたくなったら早めに収穫。

リーフレタスは外葉をかき採って
収穫すると、長期間楽しめる。

秋植えは10月下旬〜11月

収穫

5中旬-6中旬月

サラダ菜、半結球レタスは
下のスケジュールを参照

玉レタスは収穫遅れに注意

レタスのいちばんおいしい収穫の時間帯は、水分を葉に蓄えている早朝。昼になるとしおれやすく、夕方になると硝酸態窒素を蓄え始めて苦味が出る。玉レタスは大きさにかかわらず、手で押してある程度のかたさになったらすぐに株ごと切って収穫を。結球してから雨に当たると腐りやすい。サニーレタス、サラダ菜は本葉を５〜６枚残して外葉から２〜３枚ずつ収穫。長期間収穫できて、かたくならない。茎が伸びてきたら、支柱を立てると折れる心配がない。

玉レタスにアブラムシがきたら「デンプンスプレー」

片栗粉を水で溶いてから熱湯を注ぐと、トロトロのデンプン液ができる。これをスプレーできる程度に水で薄めて、早朝、アブラムシに吹きかける。２〜３日そのまま乾かしておくと片栗粉が乾いてアブラムシが死ぬ。そのままきれいに洗い流せる。つくり方は108ページ参照。

栽培スケジュール

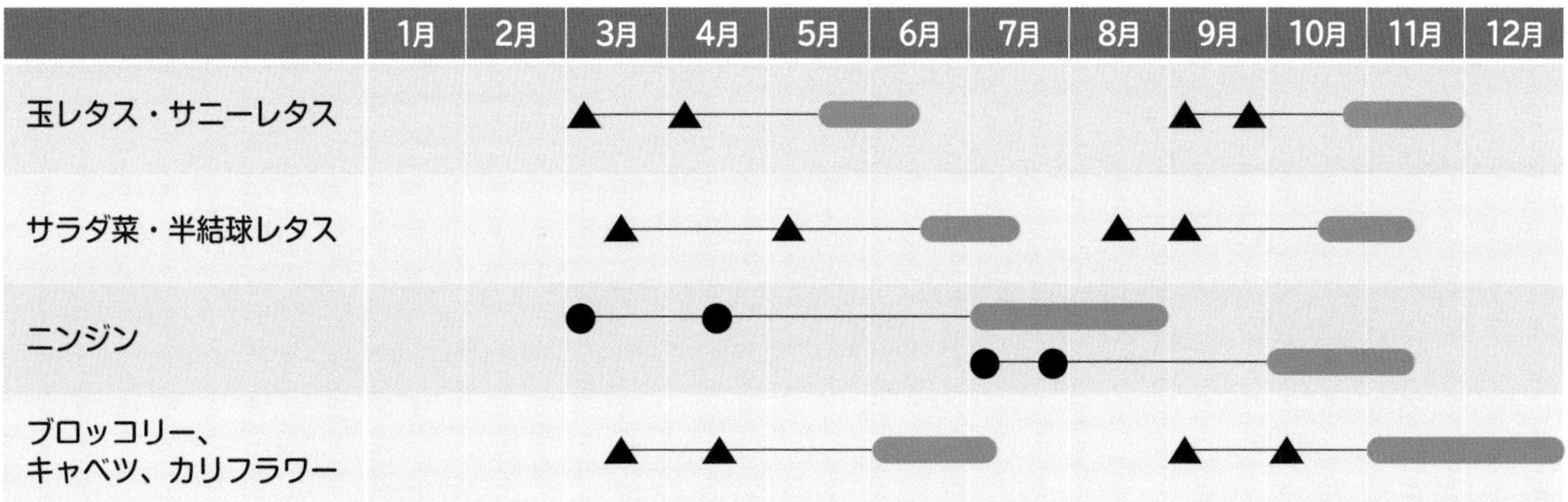

ベストプラン
8
ハクサイ

成功の決め手は、植えつけタイミング。ナスの株間に植えよう

冬がくる前に
ガンガン
いくぞー!!
あっ、でも
残暑厳しいのは
カンペン(涙)

秋を一気に駆け抜けるスピードランナー

野菜界きってのスピードランナーだが、大食漢でちょっと手のかかる、甘えん坊なところもある弟分。秋、調子がよいと1日1枚ずつ新しい葉をどんどん出し、根が深く伸び、末端まで含めると直径3mに達するといわれる。

先輩・後輩
ナス

もっとも頼れる先輩

ハクサイにとって、もっとも頼もしい先輩。大きく茂った枝葉で半日陰の涼しい環境をつくり、まだ小さいハクサイが高温障害に負けないよう守ってくれる。また、ハクサイが育ちやすい肥沃な土をあらかじめ用意してくれる。

先輩・後輩
パセリ

さわやか系の兄貴

さわやかな香りを持ち、虫よけ効果があるセリ科のハーブ。隣に植えると、ハクサイを虫から守ってくれる。パセリはそれほど大きくならないので、ハクサイの生長を邪魔せず、草を抑えて乾燥も防いでくれる。

先輩・後輩
サニーレタス

ワイルド系の兄貴

ハクサイに卵を産みつける蝶や蛾を遠ざけるキク科野菜。とくにサニーレタスは場所をあまり選ばず育つワイルドさが持ち味で、赤色は虫の忌避効果が高い。両サイドにキク科を植え、その後にハクサイを植えるのもいい。

友達

エダマメ

菌でにぎやかにする畑の盛り上げ役

根に共生する根粒菌の働きで土をにぎやかにする畑の盛り上げ役。元田んぼなど粘土の土壌でとくに大活躍。エダマメの根を残して刈り取り、その跡地にハクサイの苗を植えるとよく生長する。エダマメまたはダイズの株間にハクサイを植えてもいい。

幼いハクサイはナスの木陰が涼しくて快適

ハクサイが東アジア（現在の中国付近）で誕生したとされるのは、7世紀頃。もともとはカブとチンゲンサイの祖先が交雑して生まれた、結球しないハクサイだったとされています。つまり、ハクサイは一気に生長するカブのスピード力と、葉をどんどん展開して半結球するチンゲンサイのパワフルさを兼ね備えた野菜。夏の終わりから秋にかけて、ものすごい勢いで根と葉を出し、あり余るほどの葉が行き場をなくして結球する、というイメージです。そしてハクサイは1年草なので、結球できるチャンスは1回限りです！

　そんなハクサイは、養分をたくさん欲しがる大食漢でもあります。しかし、窒素が多いとコオロギやモンシロチョウに食害されるなど、病害虫のリスクが高まります。また、難しいのが栽培のタイミング。生育初期がちょうど残暑と重なり、霜が降りる前に結球を終えなければなりませんが、暑すぎると高温障害で葉を出せず、活発に活動するコオロギなどに食べられます。

　そこで頼りになる先輩がナスです。ナスの株間や外葉の下は半日陰で涼しく、ナスが残した養分で土が肥えているので、ハクサイにとって快適な環境。涼しくなってナスが終わると、太陽がハクサイに当たり、ハクサイの結球が加速します。同じくナス科のトウガラシとナスの株間にハクサイを植えるのも、虫に見つかりにくくおすすめです。トウガラシの赤色は虫の忌避効果もあります。そのほかシュンギク、レタスなどキク科の野菜にも虫の忌避効果があり、隣に植えると、モンシロチョウなどが卵を産みつけにくくなります。

シュンギク、レタスなど
虫よけ効果のある
キク科との混植も◎

友達

カモミール

ハーブ界の女医

畑の周囲で育てると、益虫を増やして草が生えるのを抑え、ハクサイの生長を促進する。ただし、根が広がるので、ハクサイの周りは30㎝以上近づけてはいけない。とくに多年草のローマンカモミールは、畝の中には入れないように。

先輩・後輩

エンドウ

ナスとハクサイのかわいい後輩

マメ科の中でもっとも肥沃地を好む、甘えん坊。ただし、肥沃にしようと直前に肥料を与えると、病虫害にあいやすいので注意。ナスやキュウリ、ハクサイの跡地は土がほどよく豊かになっているので、健康に育つ。

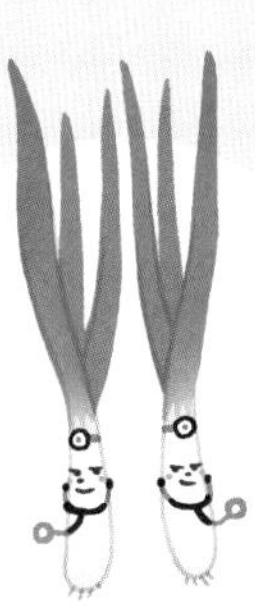

険悪ムード

ネギ類

隣にいると結球できない！

葉ネギも根深ネギも、すべてのネギがNG。ハクサイもネギも、浅く細かい根が出る細根タイプなので、隣同士で育てると真っ向勝負になり、たいがいネギが勝ってしまう。ハクサイはネギが隣にいると結球できない！

これがハクサイの植え合わせベストプラン

解　説

ナスがよく育っている場所は、土が豊かな証拠。秋、その株間など空いたスペースにハクサイの苗を植えると、半日陰の涼しい環境で、大食漢のハクサイが養分を吸って健やかに生長できる。ハクサイの前作にエダマメを育てておくとなおいい。ナスの株間には、あらかじめ虫の忌避効果のあるパセリを植えておこう。涼しくなったら早めにナスの収穫を終わらせて枝葉を切り落とし、太陽がよく当たるようにする。このプランならまだ暑い時期からハクサイを植えられるので、生育期間が長く、大きな晩生品種にも挑戦できる。

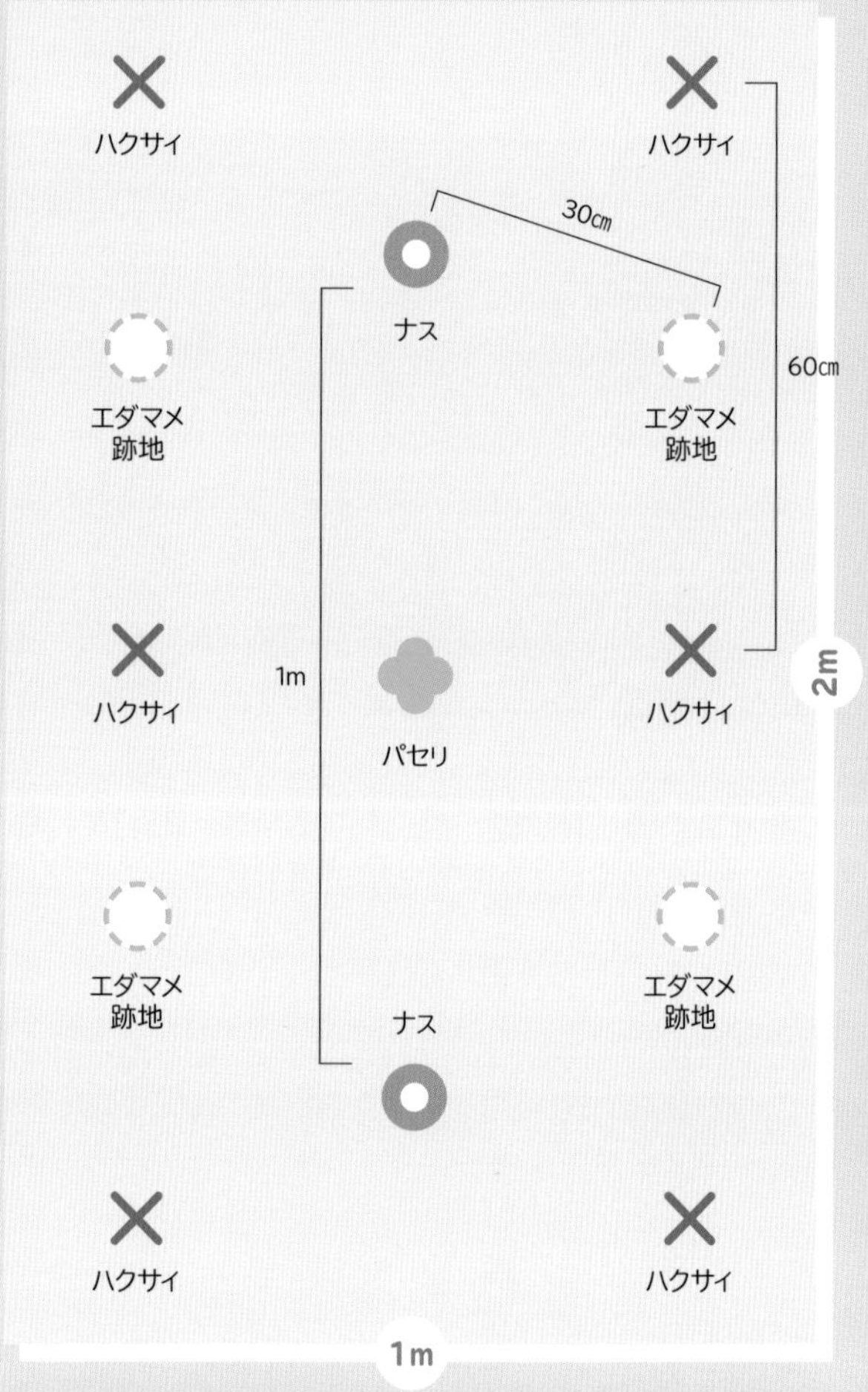

**このあとの
ベストプラン
はこれ！**

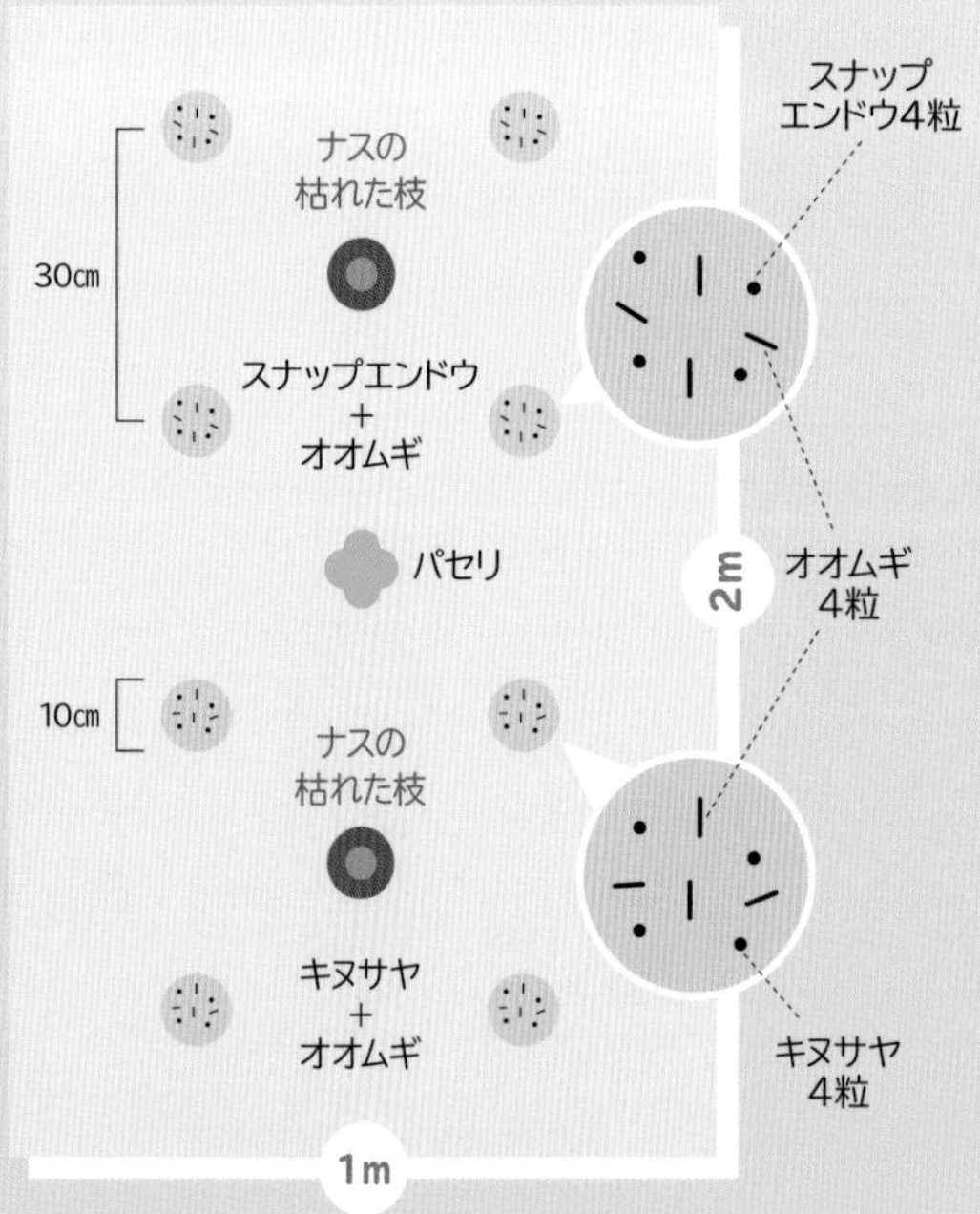

枯れたナスを残しておき、その周囲にエンドウとオオムギを1か所各4粒ずつ「巣まき」にする（上図）。ナスの枯れ枝が仮支柱となり、風よけや凍結防止の役割も果たし越冬率が高まる。また、オオムギがエンドウを支えて倒伏を防ぎ、エンドウのアブラムシ、うどんこ病などの発生も抑える。

ハクサイと相性が悪い「要注意野菜」

	危険度	
ネギ	5	葉ネギも根深ネギも混植NG。ハクサイと同じ浅い細根タイプなので競合し、ハクサイが負ける。
ジャガイモ	5	混植も間作も前後作もNG。ジャガイモのアレロパシーでハクサイが結球できない。
サツマイモ	4	跡地は養分不足なのでNG。スイカは混植も×。化学肥料を施す農法は例外。
スイカ	3	
ツルなしインゲン	3	混植するとセンチュウ被害を拡大。センチュウがいない畑ならOK。
ローズマリー	3	多年生で根が広がり、ハクサイの生長を阻害。混植、間作、前後作すべてダメ。ただし、ハーブの香りで害虫が避けるので、鉢植えを置くのはおすすめ。
ミント	3	

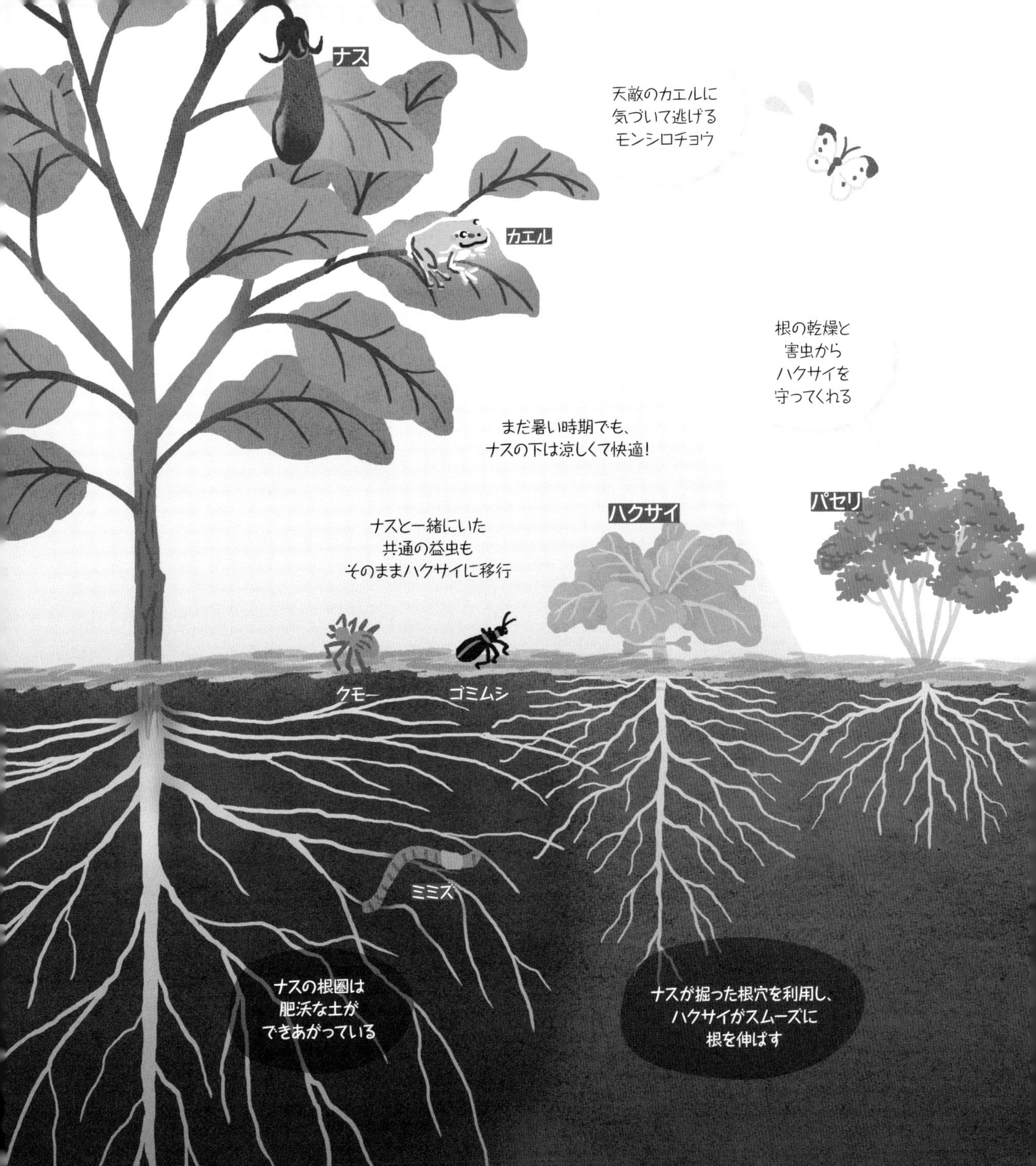

地中では何が起こっているの？

夏、ナスがよく育った場所は、養分がたっぷり。霜にあたるとナスは枯れるが、養分はまだ残され、ハクサイ好みの肥沃な土ができている。また、暑いうちはナスが枝葉を茂らせているので、その日陰は幼いハクサイにとって快適な涼しさ。寒くなるとナスが枯れて太陽が当たるので、うまくバトンタッチできる。パセリは土の乾燥防止と草抑えの役割を果たし、地上では虫をよける。

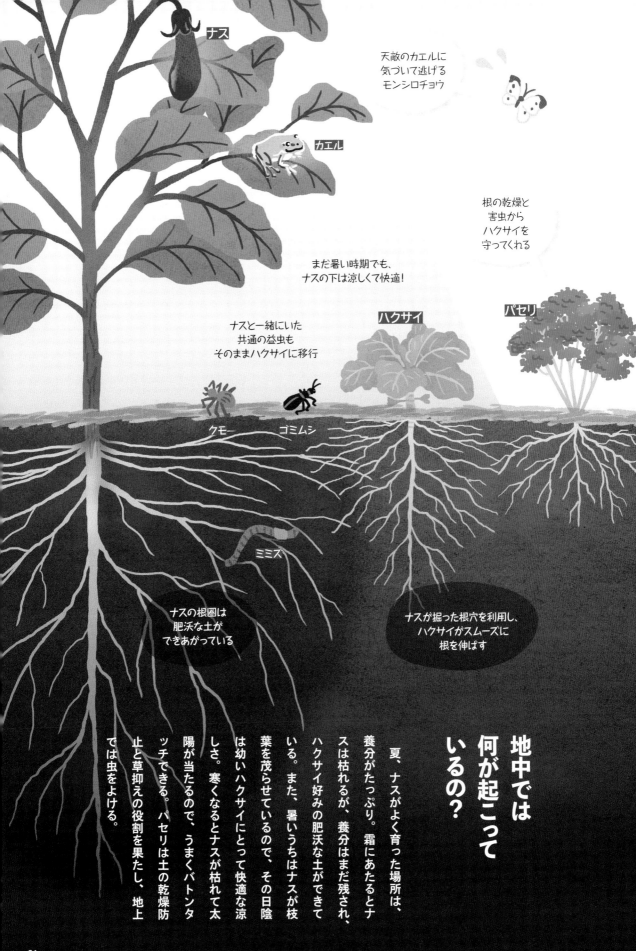

自然菜園流

おいしいハクサイを育てるコツ

ナスの下で幼いハクサイが高温障害にならず、すくすく育つ。
ナスは枯れるのを待たずに、最後の収穫をして葉を全部落とす。

植えつけ　8中旬-9中旬月

晩生品種の早植えにも挑戦できる!

ハクサイは暑い時期に植えると虫に食べられやすく、遅いと結球が間に合わないため、早生品種（70～75日タイプ）をできるだけ遅めに植えると失敗が少ない。ただし、今回紹介したナスの後作プランなら、ナスが半日陰の涼しい環境をつくってくれるおかげで、早植えできるため、晩生品種の大きなハクサイにも挑戦しやすい。虫よけ効果を狙い、パセリも植えておくといい。双葉がついた本葉３～４枚の若い苗を定植するのが理想的。

ボカシ肥料は、本葉 12 枚までに。
生長をよく観察しよう。

状況によって追肥　10月

猛ダッシュの生長期、草マルチとストチュウ水で応援

本葉12枚になるまでよく観察し、もし生長が遅れているようなら、ストチュウ水（36ページ参照）やボカシ肥料で補う。この段階では米ぬかをまいても分解が間に合わないので、すぐに吸えるボカシ肥料を。また、この時期は３～５日おきに草を刈って敷き、朝か夕方にストチュウ水を栄養ドリンクとしてかける。ハクサイは外葉がどれくらい大きく育つかで、収穫できる玉のサイズが決まる。昔は「外葉が鬼瓦の大きさになったら、いいハクサイができる」といわれた。

結球しなかったら、来春の菜の花に期待。
ハクサイの菜の花はやわらかくて甘い！

結球を始めたハクサイ。

収穫 11中旬-12月

結球したら年内に収穫。結球しなかったら菜の花で!!

霜が降り始めたらさわってみて、まだ結球が緩いようだったら、ヒモで縛って結球を促進させる。結球が遅れていたら、不織布を掛けて保温すると、遅れを取り戻せることがある。しっかりかたく結球したら、年内に収穫しよう。もしも結球しなかったら、来春出てくる菜の花を楽しめる。

栽培スケジュール

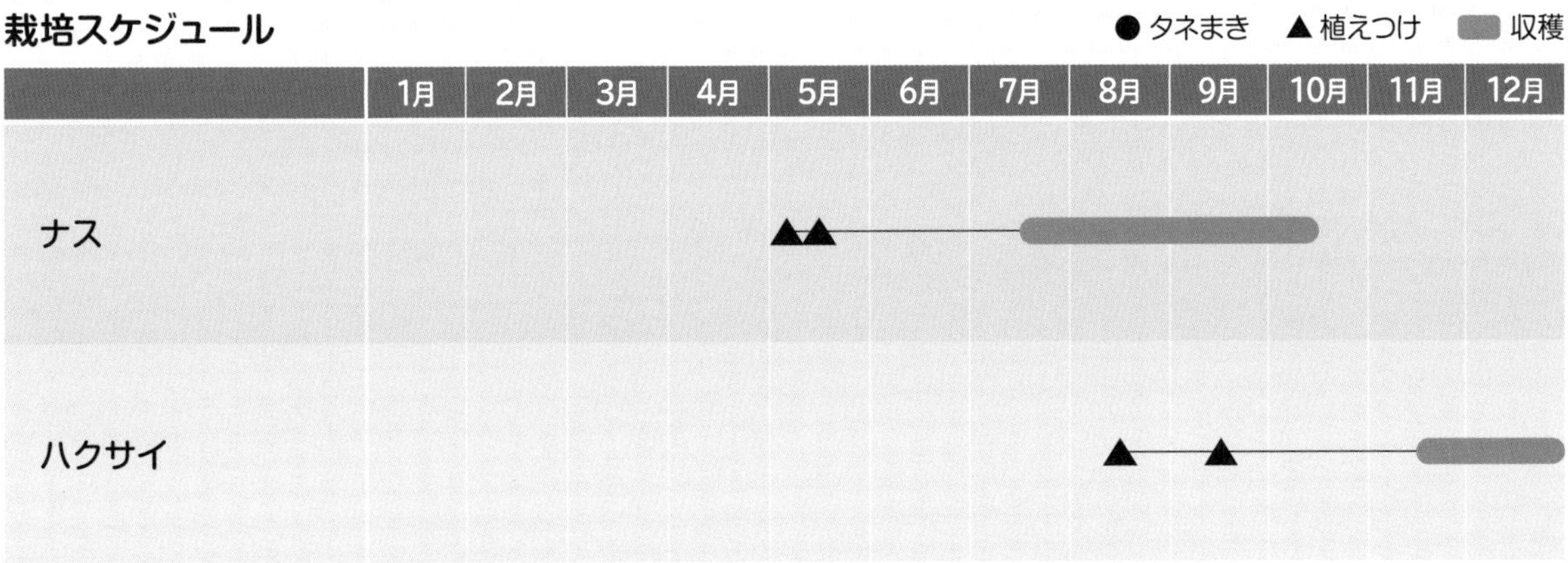

ベストプラン

9 キャベツ

キャベツを狙う害虫を赤葉のサニーレタスが追い払う!

ワシは大食いだが、
食べすぎると
虫が寄ってきて
困るのじゃ…

地中海沿岸を制した食欲旺盛な王様

ご先祖のケールは、地中海沿岸の岩場などで貪欲に養分を吸収し、ほかの植物を制圧して生きてきた。その吸肥力が受け継がれ、水はけよく、肥えた土が好き。ただし、養分過多の土壌では窒素を体内にため込み、おいしさが激減し、虫に狙われやすくなる。寒さには比較的強いが暑いのは苦手。

親友

リーフレタス

養分を分け合い、虫を遠ざける

レタスは硝酸態窒素を好むため、アンモニア態窒素を好むキャベツの隣に植えておくと、お互いに窒素の吸いすぎによる「メタボ」を防ぐ。とくに赤葉のサニーレタスは、キャベツに卵を産むモンシロチョウなどの虫よけ効果が高い。キャベツよりもひと足先に植えておくことで、小さなキャベツ苗が虫に食べられるのを防ぐ。

先輩・後輩

トマト

キャベツにとって頼もしいお姉さん

夏、トマトの株間にキャベツを植えると、暑さが苦手なキャベツにとって快適な半日陰で生育が促進される。ただし、春、旺盛に育つキャベツの隣にトマトを植えるのは×。キャベツの根が強すぎてトマトの生長が抑制される。年内採りしたキャベツの跡地に、翌年トマトを植えるのはOK。

×

険悪ムード

ジャガイモ

孤高の作物同士、最悪の相性

ジャガイモとキャベツは、混植でも前後作でもダメ。ジャガイモはアンデス山脈、キャベツは地中海沿岸原産でほかの植物を制圧してきた「孤高の王者」。そのため、ほかの植物を抑えるアレロパシーが強い。より品種改良が進み、野生種から離れたキャベツの方が負けて、結球できなくなる。

リーフレタスと窒素を分け合い仲良く育つ

　キャベツはヨーロッパの地中海沿岸の涼しい気候のもとで育ってきた、アブラナ科の多年草。キャベツの先祖は「ケール」と呼ばれ、岸壁の岩場など荒々しい場所で育ち、根から有機酸を分泌してほかの植物を抑え込み、岩石のミネラルさえも溶かしながら養分を吸収して育つ、たくましい性質の持ち主でした。品種改良が進み、結球するキャベツと、菜花の大きなブロッコリー、大きな菜花が白く軟化したカリフラワーに分かれました。

　そんなルーツを持つキャベツは、地中の未熟有機物に含まれるアンモニア態窒素も貪欲に吸収する食欲旺盛な野菜。そのため、窒素過多になりやすいため虫に食べられやすく、無農薬栽培がもっとも難しい野菜のひとつです。無農薬栽培できれいなキャベツが育つ畑は、バランスのとれたよい畑の指標といえるでしょう。

　キャベツは多くの品種があり、四季まきできますが、もっとも虫害が少なく育てやすいのが晩夏から秋にかけてのシーズンです。さらに相性のいいコンパニオンプランツとの混植により、生育促進と虫の集中攻撃を防ぐことができます。たとえばベストフレンドのリーフレタスは硝酸態窒素が好物。アンモニア態窒素を好むキャベツと窒素の使い分けができるため、養分を奪い合わず、お互いに仲良く共存できる関係です。また、赤葉のリーフレタスは、「赤色」がキャベツに卵を産むモンシロチョウなどを遠ざける効果もあります。

リーフレタスと混植し、虫の集中攻撃を防ぎます

親友

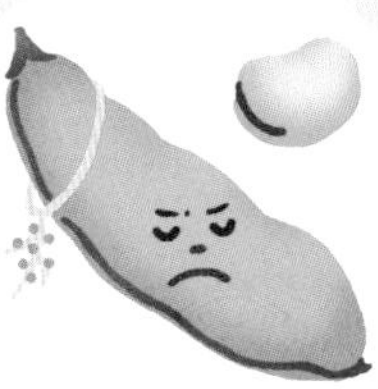

ソラマメ

益虫を呼び、一緒に越冬もできる

ソラマメの根に共生する根粒菌が土を豊かにし、地上ではアブラムシの天敵のテントウムシやヒラタアブを呼ぶバンカープランツになる。また、ソラマメの隣は半日陰となり、キャベツを秋の日差しから守ってくれる。キャベツと一緒に越冬もできる。

友達

ニンジン

ニンジンが一緒だと虫よけ&生育促進に

セリ科のニンジンが、独特の香りでキャベツを狙うモンシロチョウなどの虫よけ効果を発揮。春または夏、キャベツの隣にニンジンをまくと、ニンジンの大きく茂る葉が日陰をつくり、キャベツ好みの涼しい環境になり、生育が促進される。隣同士で一緒に越冬もできる。

険悪ムード

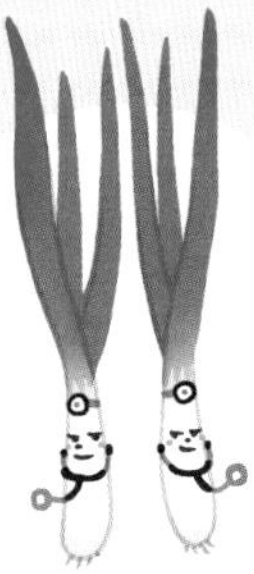

ネギ類

ネギの隣ではキャベツが結球しない

ネギの隣ではキャベツが結球しなくなる。ただし、キャベツの前後作としてネギを育てるのは、ネギの働きで土壌の消毒効果があり、土づくりが促進されるのでバッチリ。ちなみにキャベツの仲間のブロッコリーとカリフラワーは、ネギと混植すると病気が抑えられる。

これがキャベツの植え合わせベストプラン

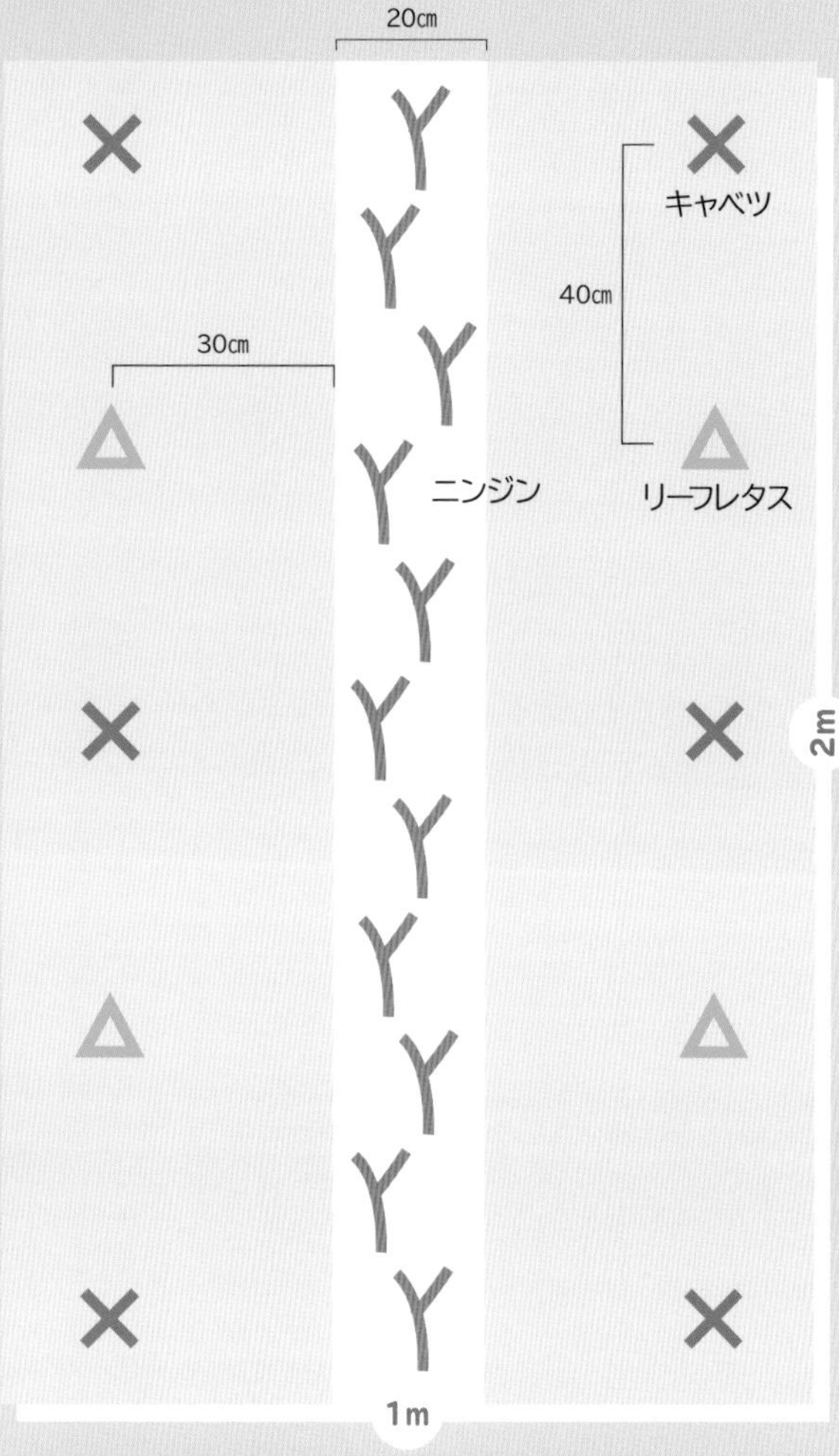

解　説

9月初め、ニンジンが育っている畝の両サイドに、まずはサニーレタスなど非結球のリーフレタスを植え、その1〜2週間後にキャベツを植える。ポイントは、ニンジンとリーフレタスを先に育てておくこと。この植え合わせによって、益虫を増やし、害虫を増やさない畑の仕組みができあがり、あとから植えるキャベツ苗の虫害を減らせる。

キャベツが大きくなる前に、ニンジンの間引きを終わらせ、リーフレタスを全部収穫してしまおう。これらの作業が遅れると、キャベツの風通しが悪くなるので注意。

**このあとの
ベストプラン
はこれ！**

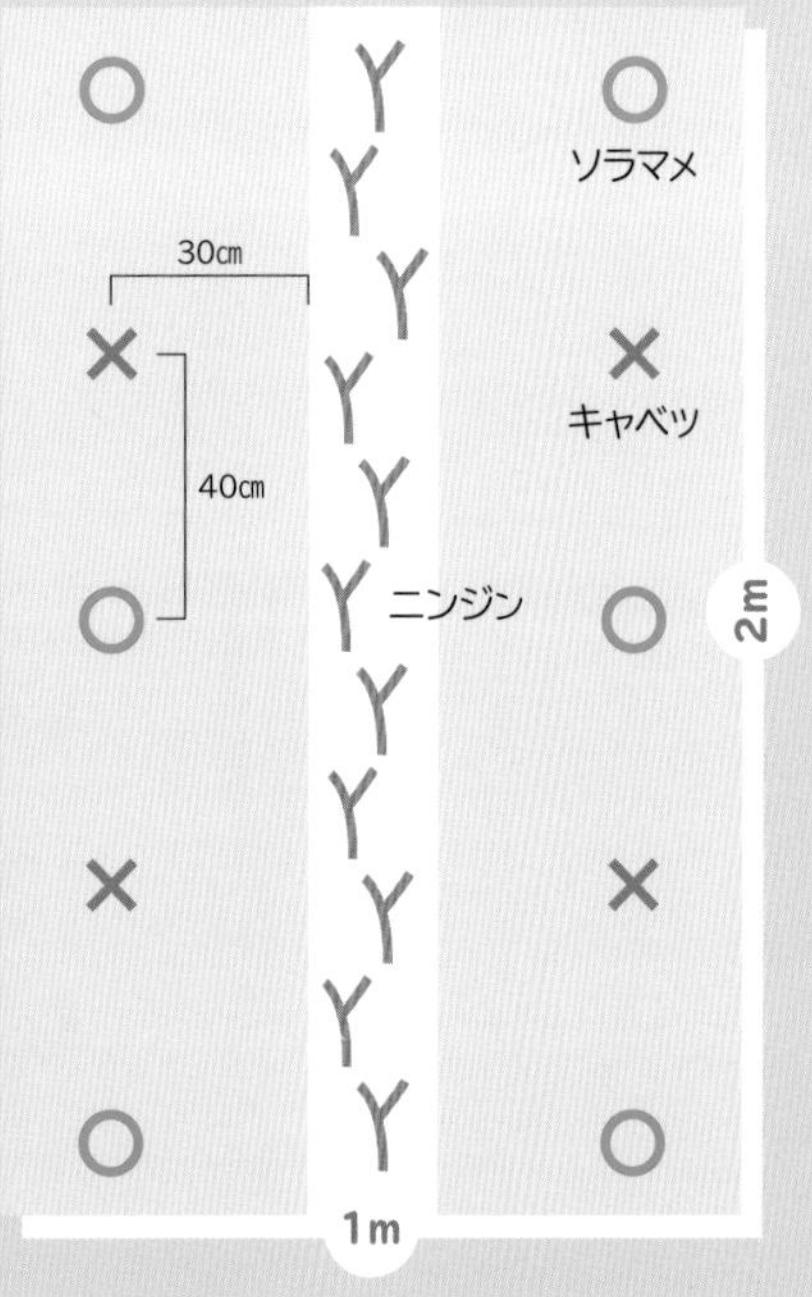

秋、キャベツの株を抜いた場所にソラマメのタネをまき、リーフレタスがあった場所にキャベツの苗を植えて越冬させる。栽培中のニンジンは年内に収穫。ソラマメとキャベツが隣同士で育つと、お互いが風よけになり越冬しやすくなる。また、お互いに異なる種類のアブラムシがつくが、天敵のテントウムシやヒラタアブは共通なので、益虫を呼び寄せやすくなる。

ハコベは生かしておこう

ハコベがこんもりと生える畑は肥沃。土の乾燥や雨が降った際の泥のはね返りを防ぐ働きをしてくれるので、生かしておこう。キャベツの外葉より15㎝外側までは地上部を刈って敷き、それよりも外側は刈らずに残しておくとよい。夏の雑草抑えにも役立つ。

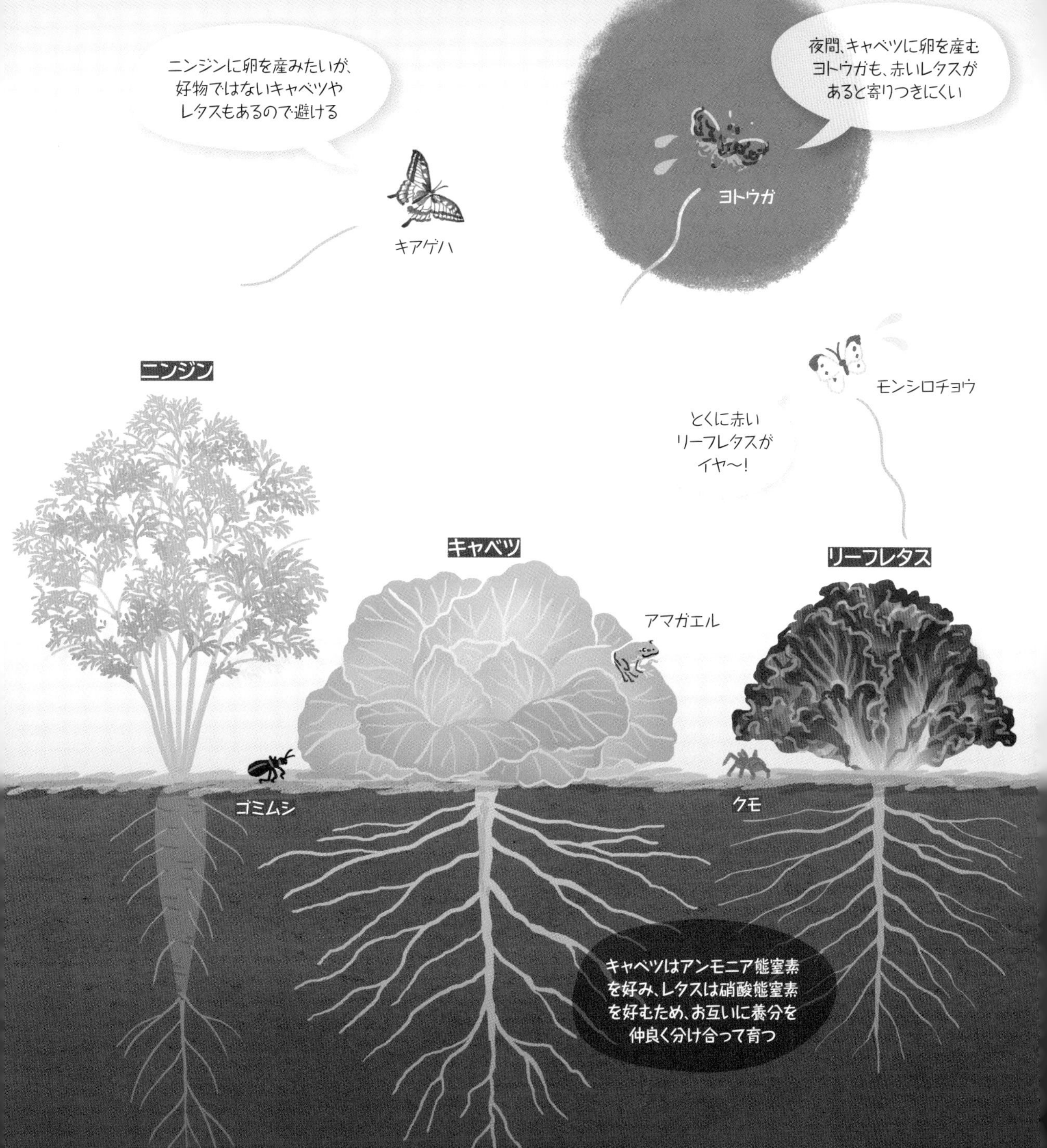
ニンジンに卵を産みたいが、
好物ではないキャベツや
レタスもあるので避ける
キアゲハ
夜間、キャベツに卵を産む
ヨトウガも、赤いレタスが
あると寄りつきにくい
ヨトウガ
モンシロチョウ
とくに赤い
リーフレタスが
イヤ～！
ニンジン
キャベツ
リーフレタス
アマガエル
ゴミムシ
クモ
キャベツはアンモニア態窒素
を好み、レタスは硝酸態窒素
を好むため、お互いに養分を
仲良く分け合って育つ

地中では何が起こっているの？

地中のアンモニア態窒素をキャベツがどんどん分解し、分解された硝酸態窒素をレタスが吸うため、お互いに養分をめぐってケンカにならない。キャベツが窒素を分解してくれるおかげで、ニンジンもスムーズに育つ。アブラナ科のキャベツは、リン酸を供給する菌根菌ネットワークを持たないが、セリ科のニンジンとキク科のレタスが菌根菌ネットワークを持つおかげで育ちやすく、しかも菌根菌が土中に存在するため、後作の土づくりがしやすくなる。

自然菜園流

おいしいキャベツを育てるコツ

根鉢を壊さないよう、ていねいに定植。
同時に草マルチをし、ひと握りの米ぬかを周囲にまく。

植えた日にまいた米ぬかが、キャベツの本葉8～12枚の生長期にちょうど分解されて養分になる。

春植えは3月下旬～4月中旬

植えつけ

9中旬-10上旬月

定植前の「底面給水」で活着がよくなる

キャベツの苗は、本葉3～4枚の若苗を植えるのが理想的。まだ双葉がしっかりついている苗を選びたい。植える1～2時間前に、ポットごとストチュウ水（p36参照）に浸けて底面給水させておく。こうすることで、3～4日雨が降らなくても水やりをしなくても済む。また、植物は根から有機酸（根酸）を分泌することによって、有機物を分解し、養分の取り込みに役立てている。ストチュウ水の酢がこの根酸と同じ働きをするため、活着が早くなる。

苗を植えたら周囲の草を刈って敷き、その日のうちに米ぬかをまく。米ぬかがネキリムシのおとりになり、キャベツが食害されるのを防ぐ。ただし、ネキリムシの被害が大きい市民農園などでは米ぬかが被害を拡大させることもあるので、見つけたら手で捕るのが確実。

もしも1週間、雨が降らなかったら夕方にストチュウ水をたっぷりかけよう。

春植えは4月下旬～5月

生育中期

10月

キャベツの生育は本葉20枚までが勝負！

キャベツは本葉12～20枚のときまで猛ダッシュで育ち、結球を始める。この段階でどれだけ大きな外葉を育てられるかが勝負。本葉20枚になった段階では、もう玉のサイズが決まってしまうため。周囲の草を刈って敷く草マルチを重ねると、土の乾燥を防ぎ、草が生えるのを抑え、益虫の棲み家となるために生育がよくなる。泥のはね返りを防いで病気予防にもなる。

収穫後に出てくる新芽を1個残すと、
翌春に再び結球する。

春植えは6月～7月中旬

収穫

11月 中旬～

結球したらかたさを確かめよう

サイズが小さくても結球したら手で押さえてみて、葉っぱが詰まっているかたさなら収穫期。包丁やノコギリ鎌で、結球部分をカットして収穫する。もともとキャベツは多年草植物なので、収穫後の切り株をそのまま残しておくと、新芽が5～6個出てくる。新芽の葉が2～3枚のときに大きなものを1個残して間引くと、半年後に中玉からミニサイズのキャベツがもう1回できる。

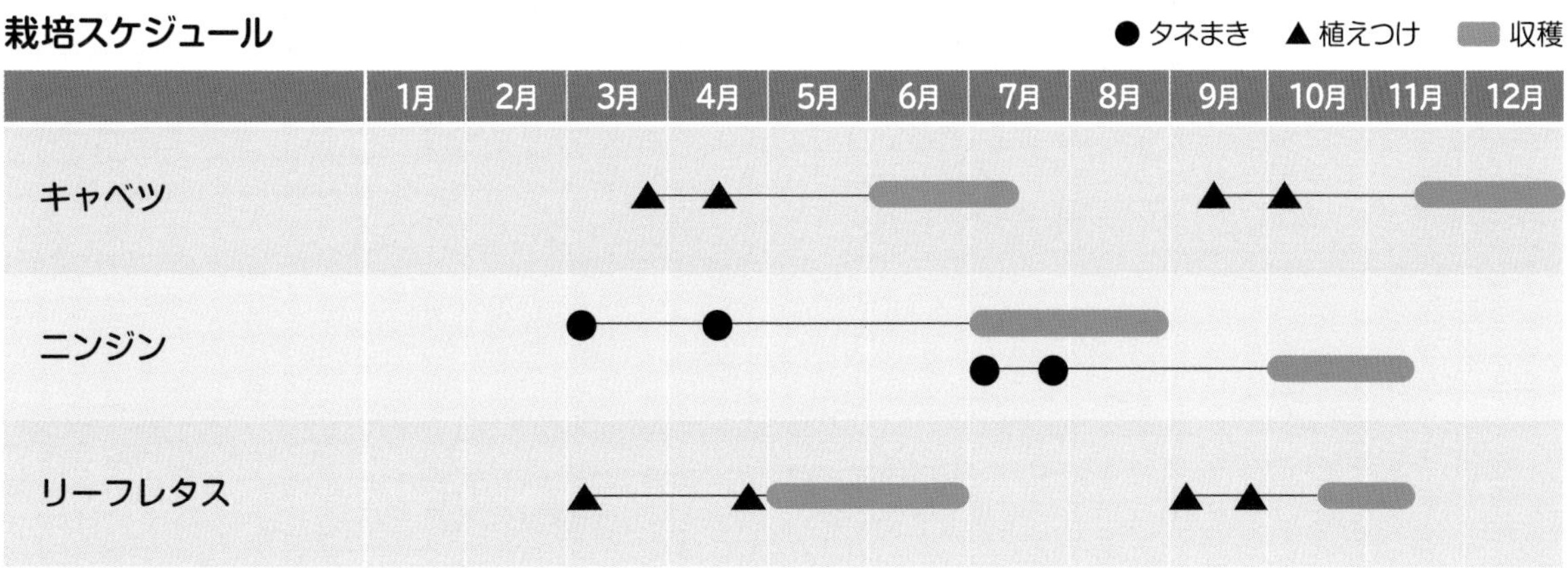

ベストプラン

10 菜っ葉類

無農薬で菜っ葉を育てるなら セロリとニラで Wガード!

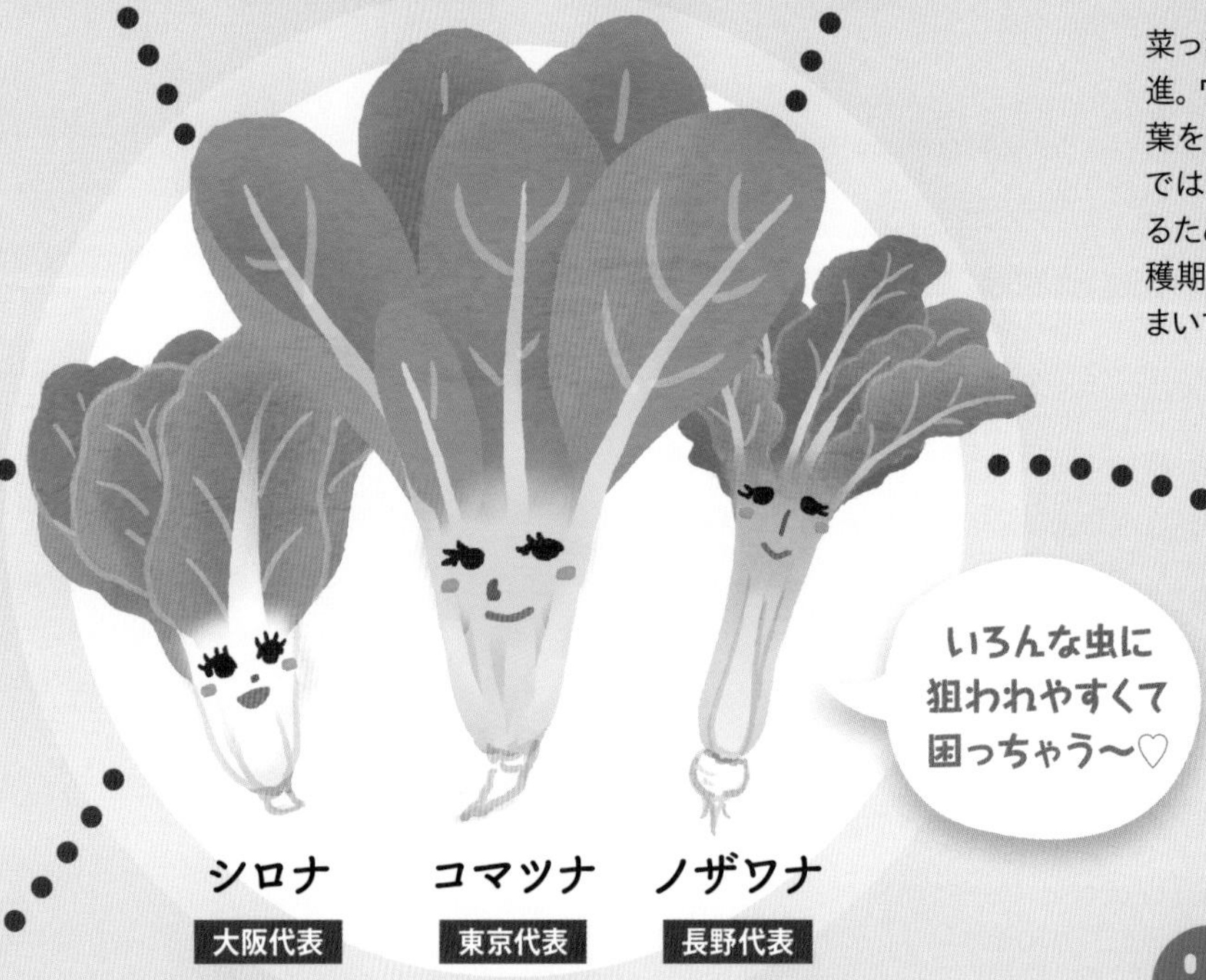

虫にも好かれるご当地アイドルたち

地中海沿岸からシルクロードを通って、いろいろなアブラナ科と交雑しながら渡来。各地で交雑し、多くのご当地菜が誕生した。生育適温は15～20度で、まき時期をはずすととくに虫に食べられやすい。生育がスピーディーなので、直前に堆肥や有機質肥料を入れても生育に間に合わず、むしろ病虫害を招くので注意。

先輩・後輩

ワサワサ茂る葉が 虫の目隠し&日差しよけに

菜っ葉の隣で育てると、お互いに生育促進。ワサワサと茂るニンジンの葉が、菜っ葉を狙う虫の目隠しになる。また春まきではほどよい日陰をつくって日差しを遮るため、菜っ葉のトウ立ちが遅くなり、収穫期間が長くなる。越冬ニンジンの隣にまいてもいい。

先輩・後輩

セロリが育った場所は 菜っ葉にとって理想的

セロリが育った場所は、地中で分解された養分がほどよく残り、菜っ葉にとって理想的。越冬セロリの隣に菜っ葉をまくと、よく育つ。セロリのにおいが虫よけにもなる。背の高いセロリが日陰をつくり、暑さ対策にもなる。

先輩・後輩

アブラナ科の不得手な リン酸の供給をお手伝い

混植でも前後作でもよい、万能パートナー。エダマメが育った場所は根に共生する根粒菌などの働きで豊かになっているため、菜っ葉が育ちやすい。また、アブラナ科の根には菌根菌がつかないため、リン酸を自分で供給するのが苦手。そこでエダマメの菌根菌の働きでリン酸の供給をサポート。

虫にも好かれる
おいしさいろいろ
ご当地アイドルたち

菜っ葉のルーツは、地中海沿岸。シルクロードを経て、平安時代には日本に伝わっていました。アブラナ科は交雑しやすいため、各地の風土や好みに合わせて品種が固定し、東京都のコマツナ、長野県のノザワナ、大阪府のシロナなど地域の菜っ葉が生まれました。

そんな菜っ葉類は、じつは無農薬栽培がもっとも難しい野菜のひとつです。15～20度の生育適期に育てることが大事ですが、適期にまいても虫に食害されやすく、発芽後、いつの間にか消えてしまうこともあります。

うまく育てるコツは、すでに「よい土」ができあがっている場所で育てること。タネまきの直前に堆肥や有機質肥料を入れると、病虫害が出やすくなります。おすすめは、夏野菜の跡地。夏野菜がよく育った場所は団粒構造が発達し、ほどよい養分も残っているので、あえて施肥せずにタネをまくと、病虫害にあいづらく、うまく育ちます。また、無農薬で菜っ葉を育てるもうひとつのポイントが、クモやカマキリなどの益虫もいる畑の多様性です。夏野菜を育てながら、草を刈ってどんどん敷く「草マルチ」を重ねると、虫や土壌微生物も増えて生態系のバランスが整います。

そんな菜っ葉のベストパートナーは、ニラ。虫よけ効果が高いニラの横で育てれば、病虫害を防ぎ、うまく育てられます。また、セロリと混植するとお互いに生育促進し、セロリの後作でもコマツナがよく育ちます。

**身近な菜っ葉たちは
無農薬栽培が
もっとも難しい
野菜のひとつ**

赤サニーレタス

レタスの赤い葉が虫よけになる

リーフレタス全般と相性がよく、とくに赤いサニーレタスはベストフレンド。多くの虫が「赤色」を嫌うため、混植することで虫よけになる。また、リーフレタスは硝酸態窒素を好み、菜っ葉類はアンモニア態窒素でも吸うので、養分もうまく分け合え、養分過多による病虫害を防げる。

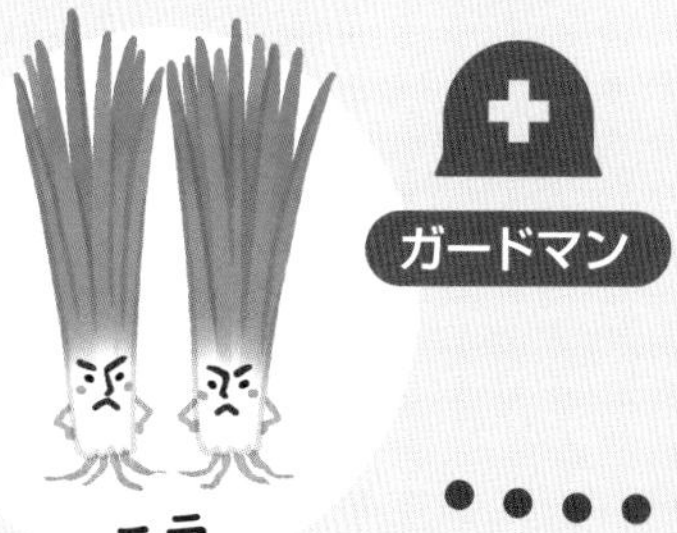

ニラ

**虫を寄せつけない
最強のボディーガード**

一度植えたら、何年も同じ場所で育つ宿根野菜のニラ。その隣で菜っ葉を育てると、ニラの匂いを嫌って、虫が寄ってこない。とくに菜っ葉を好むダイコンハムシ、キスジノミハムシはニラが大嫌い。ちなみにアブラナ科の結球野菜全般はネギ類との相性が最悪だが、ニラは相性バッチリ。

ジャガイモ

**アブラナ科全般と
「宿敵」級の相性の悪さ**

これほど相性が悪いコンビも珍しいくらいの宿敵。前後作でも混植でも×。ジャガイモのアレロパシーがアブラナ科全般と極端に悪く、菜っ葉の生育は悪くなり、キャベツは結球しない。昨年ジャガイモを育てた場所も、必ず掘り残したジャガイモがあるので避けよう。

これが菜っ葉類の 植え合わせベストプラン

解　説

宿根野菜のニラの畝を利用して、セロリとコマツナを交互連作で育てる。土づくりをしてセロリを育てた場所は土が豊かになっていて、アブラムシの天敵、テントウムシなどの益虫も増えている。さらにニラがコマツナを狙うダイコンハムシやキスジノミハムシなどを遠ざけてがっちりとガード。ニラの根に棲む微生物が分泌する抗生物質の働きにより土壌消毒の効果もあり、連作障害を防いでくれる。ニラは数年間そのままで年５回ほど刈り採り収穫ができる。２～３年ごとに株分けをすれば増やすこともできる。

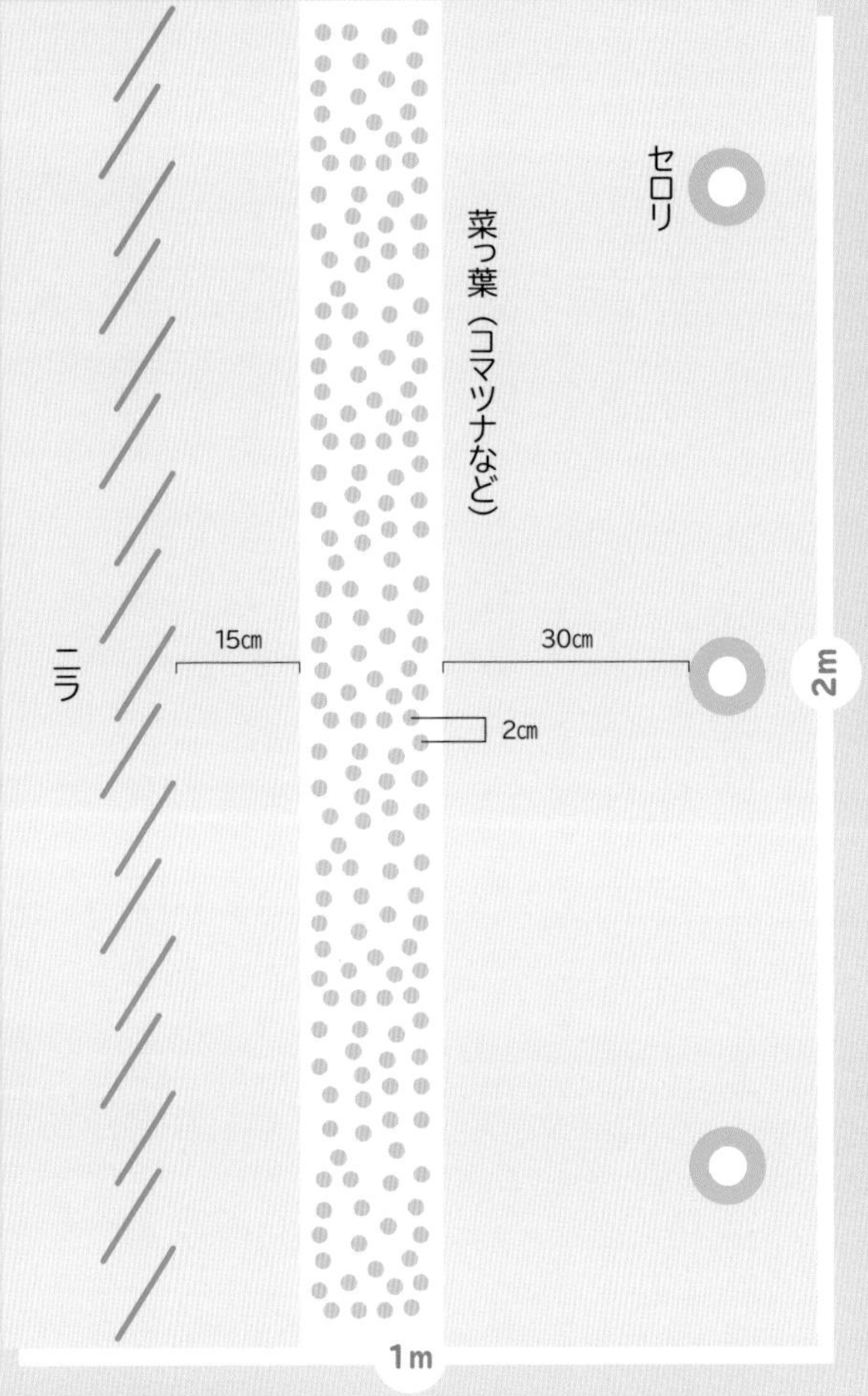

このあとの ベストプラン はこれ！

交互連作OK

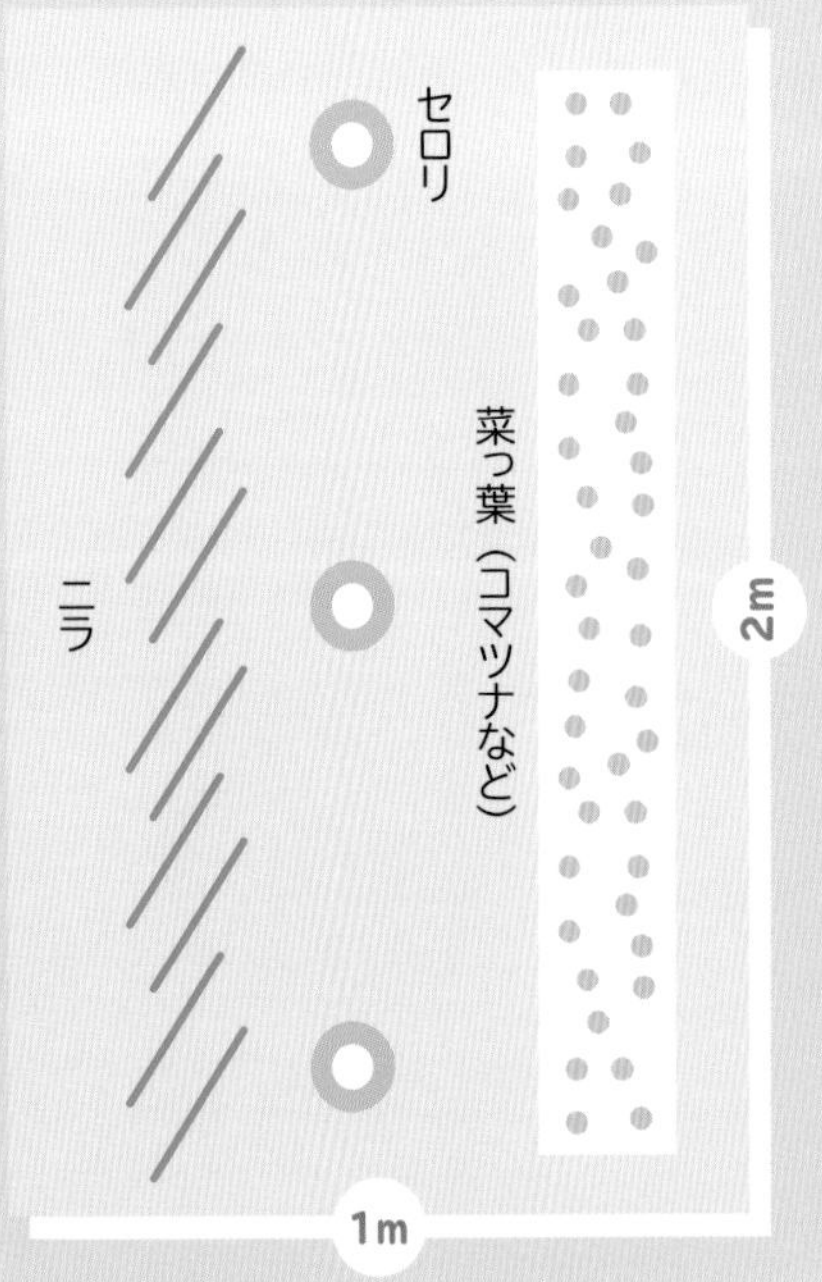

翌年はコマツナとセロリの位置をチェンジするだけで、毎年同じ配置で続けられる。ちなみにセロリの作型は地域によって違うので、地域の気候に合わせて春まき、夏まきのアレンジを。

ハコベは生かしておこう

コマツナを育てると春の七草のひとつ、ハコベが生えてくることが多い。雑草なので、つい抜いてしまいたくなるが、抜かないようにしよう。なぜならハコベが地面を覆っていると地温が安定して晩霜や乾燥を防ぐほか、泥はね防止にもなる。また、ハコベの草むらが益虫の棲み家となって、虫害を軽減するといいことずくめ。ハコベは桜エビと一緒にかき揚げの具にするととてもおいしい。

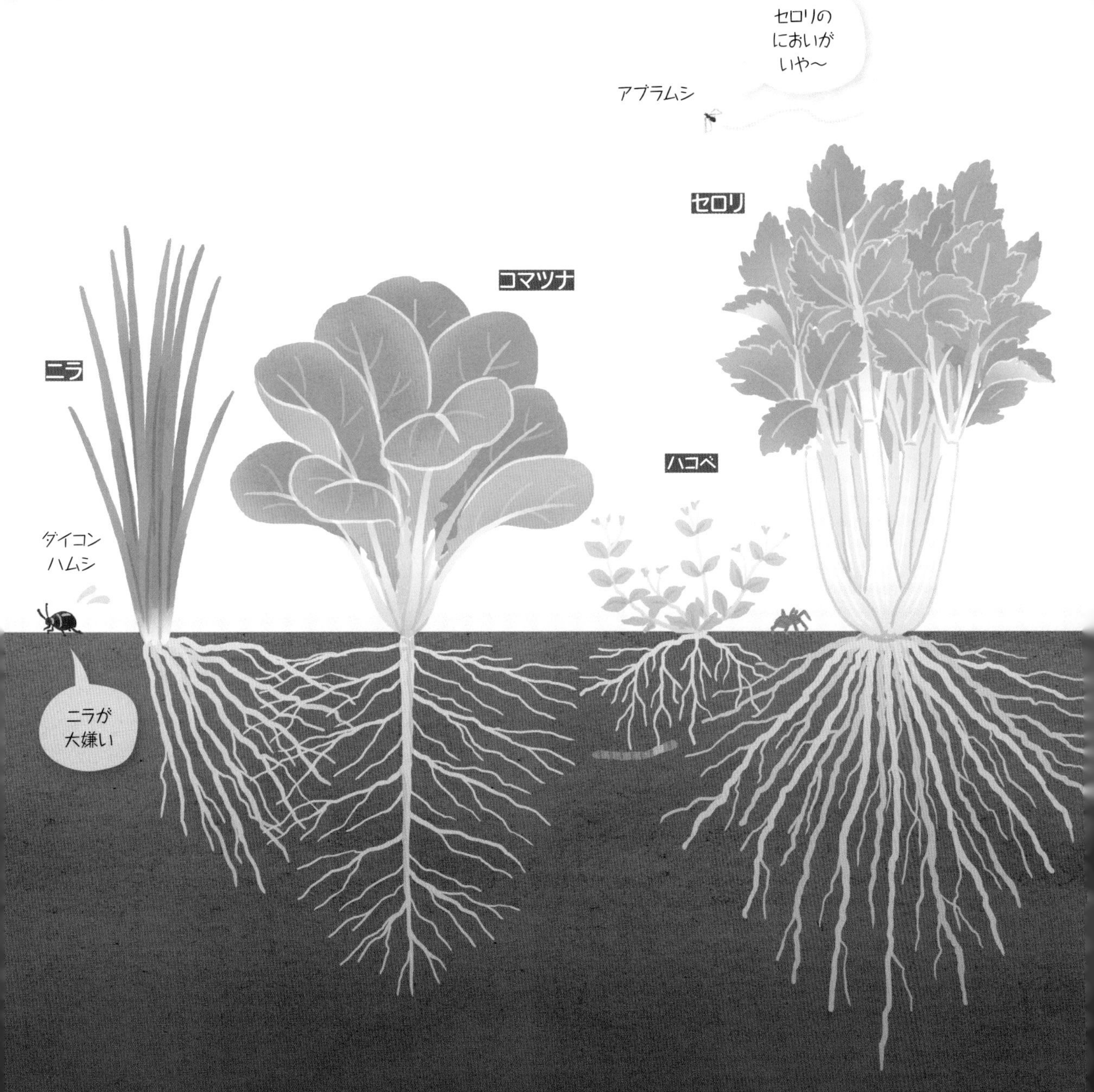

地中では何が起こっているの？

有機質肥料をしっかり施してセロリを育てた地中には、ミミズなどの分解者が集まり、すでに団粒構造が発達した「よい土」ができているため、コマツナなどの菜っ葉にとって理想的。セロリの根は太いヒゲ根状、コマツナの根は直根とそれぞれの根の形状が異なり、地中での棲み分けもうまくできる。また、ニラの根に棲む微生物が抗生物質を出して土壌を消毒し、菜っ葉の連作障害を予防。同時に刺激的なにおいでキスジノミハムシ、ダイコンハムシなど菜っ葉を狙う虫たちを寄せつけない。

自然菜園流

おいしい菜っ葉類を育てるコツ

1円玉の直径がちょうど2㎝。この間隔でタネをまくとちょうどいい。

秋まきは9月中旬～10月

タネまき　3中旬-4月

豊かな場所を選び、堆肥も肥料も入れない

コマツナなどの菜っ葉を栽培するコツは、場所選び。タネをまく直前に堆肥やボカシ肥料などの有機物を入れると害虫が発生しやすくなる。夏野菜がよく育った場所なら、肥沃になっているので大丈夫。まきスジをつくり、タネ同士が2㎝間隔になるようにスジバラまきにする。タネの2倍の厚さの土をかけてしっかり鎮圧すると、いっせいに発芽する。

タネをまいたらすぐ、不織布のべた掛け

不織布をべた掛けしておくと地温が安定し、コマツナなどの菜っ葉類の生長がよくなる。保湿効果もあるので、寒くて乾燥しやすい時期でも順調に生長する。不織布で覆っておくことで、葉のやわらかさも保たれる。

密植気味で育てるのがよいが、株間2㎝以下だとヒョロヒョロになるので注意。

秋まきは9月中旬～

間引き　3中旬～月

本葉が触れ合ったら大きい方から間引く

隣同士の本葉が触れ合ったら、大きい方の地上部をハサミで切って間引く。通常は小さいものから間引くが、コマツナなどの菜っ葉の場合は大きいものから間引くことで、小さいものが次々と大きくなる。間引き菜はサラダや味噌汁の具としておいしく食べられる。葉が触れるくらいのやや密植で育てることで、虫に食べつくされるのを防ぐことができ、長い期間収穫できる。

食べきれなかったら
そのまま越冬させる
と、翌春に菜の花が
楽しめる。

秋まきは11月

収穫

5上旬-6中旬月

ハサミで若いうちに どんどん収穫

本格的な収穫も、間引き収穫と同じく大きくなったものから順番に収穫。隣の株の根を傷めないように、ハサミで地上部を切って収穫していく。スーパーで売っているサイズまで大きくすると、すぐにかたく、筋っぽくなるので、早めに若採りしてやわらかいうちに食べてしまおう。トウが立ってもやわらかいうちはナバナとしておいしく食べられる。

栽培スケジュール

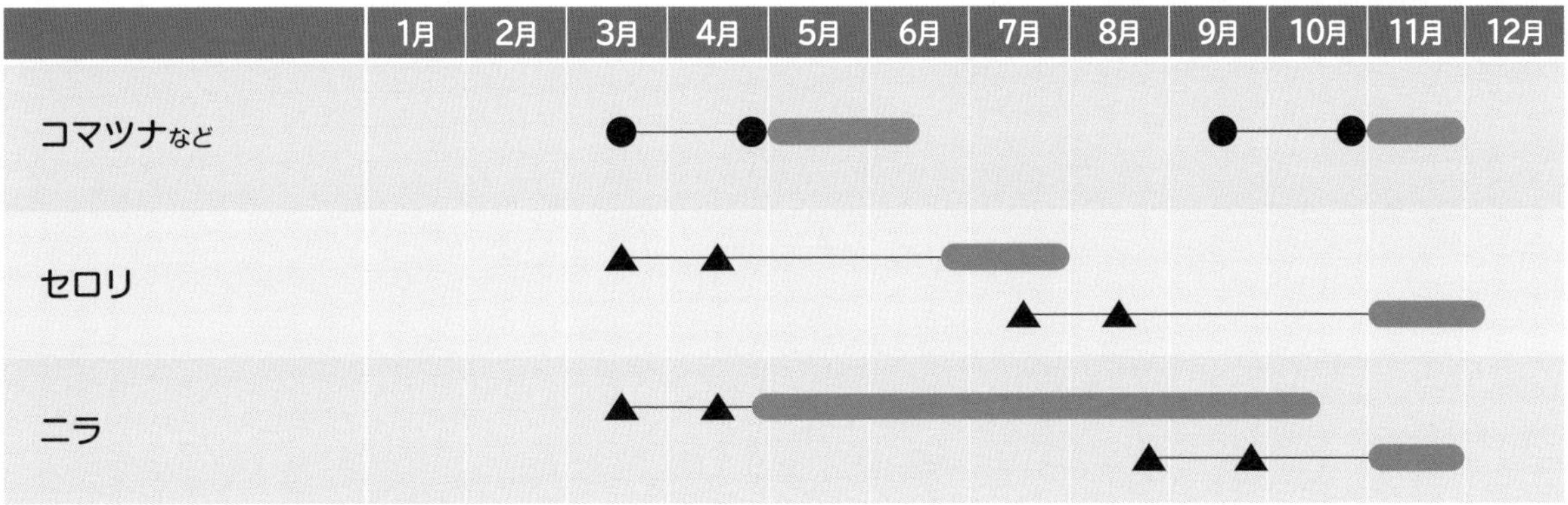

ベストプラン
11
ホウレンソウ

冬の醍醐味、日本ホウレンソウ。葉ネギと一緒なら最高のおいしさに！

オイラの好物は、
硝酸態窒素。目の前に
あるとつい食べすぎて、
エグくなっちゃうん
だよな〜

ペルシャから来たグルメ

故郷はペルシャ（現在のイラン）周辺とされ、シルクロードを通って日本にやってきた。土と肥料の好き嫌いが激しく、とくに酸性土壌が苦手。比較的肥沃なアルカリ性土壌でよく育つ。秋まきは東洋系、春まきは西洋系の品種が向く。根に養分を蓄える主根深根タイプで、根菜に近い性質を持つ。

親友

エダマメ

菌と共生して畑を盛り上げる

東アジア出身。根にあるいくつもの小さなコブに根粒菌を棲まわせ、空気中の窒素をアンモニアに変えてもらい、それを養分として使っている。ホウレンソウとはリレーが◎。とくにエダマメの跡地が、秋まきのホウレンソウにピッタリ。ネギとは相性が悪い。

親友

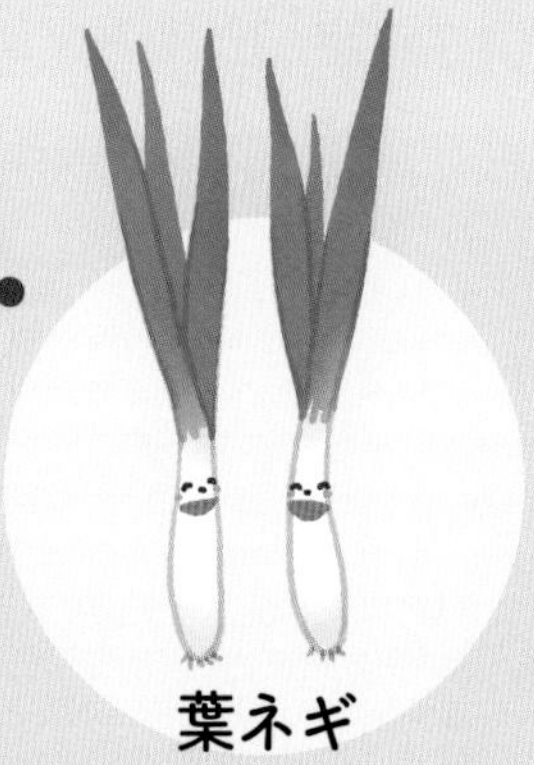

葉ネギ

おおらかな食いしん坊

太陽大好き、窒素大好き。未熟な有機物もムシャムシャ食べる、おおらかな食いしん坊。ホウレンソウとはいつでも一緒にいられる仲良しで、秋まき、春まきともに相性バッチリ。根深ネギと違い、土寄せの必要がないので栽培がラク。根にいる共生菌で消毒効果も。

先輩・後輩

コカブ・ハツカダイコン

小さい根菜たちと相性◎

スピーディーに生長するアブラナ科の小さい根菜たち。ホウレンソウとは混植でもリレー栽培でも相性バッチリで、空間を有効活用できる。一緒に育てるとひと足先にコカブ、ハツカダイコンたちが収穫でき、ホウレンソウがのびのび育つ。

混植でもリレーでも、葉ネギなら相性バッチリ

中国語で「ペルシャの草」という意味の名を持つホウレンソウ。中東からシルクロードを伝ってアジアに広がり、16世紀頃、日本に東洋種が渡来したといわれます。そんな東洋種の「日本ホウレンソウ」は寒さに強く、厳寒期は葉を地面にペタッと寝かせたまるでタンポポのような格好で寒さに耐え、甘味を蓄えます。この冬の露地で育った本物の寒締めホウレンソウの味わいは格別。家庭菜園でぜひ挑戦したい野菜です。

　ホウレンソウは病虫害に悩まされることがほとんどなく、無農薬で栽培しやすい野菜です。しかし、土や肥料の好き嫌いが激しく、養分が足りなかったり、酸性土壌だと、葉が黄色くなって途中で生長が止まるなど、気難しい面も。

　そんなホウレンソウと相性ピッタリのベストフレンドが、葉ネギ。葉ネギは有機物が分解されて生成されるアンモニア態窒素が大好きな食いしん坊。しかし、窒素を吸いすぎると、さび病やアブラムシなどの病害虫にやられやすくなります。一方、ホウレンソウの好物はアンモニア態窒素が土壌中の硝酸菌の作用等で変換された硝酸態窒素。しかし、ホウレンソウも窒素を吸いすぎると、体内に亜硝酸態窒素が蓄積し、えぐみが強くなります。

　つまり、ホウレンソウと葉ネギは、お互いに違う形の窒素を好み、食べすぎを防ぐ仲。また、葉ネギは子葉が1枚の「単子葉植物」で、根は浅いヒゲ根。一方、ホウレンソウは子葉が2枚の「双子葉植物」で、主根が深く伸びるので、地上でも地下でも異なる形で競合せず、円満に暮らせる名コンビです。

葉ネギは
ホウレンソウが
おいしくなる
最強の助っ人！

△ 要注意

エンドウ

混植は◎だが、リレーは×

マメ科の中でもっとも肥沃地を好む、甘えん坊。ホウレンソウと混植するとお互いによく育つ。ただし、エンドウの跡地でのホウレンソウは×。エンドウが養分を使い切ってしまっているためか、ホウレンソウが育ちにくい。

先輩・後輩

ゴボウ

ホウレンソウのよき兄貴分

ユーラシア大陸北部出身で、寒さや乾燥に強く、無肥料でもよく育つド根性の持ち主。秋、ホウレンソウの隣にゴボウのタネをまいて育てると、地中を掘り進んでホウレンソウの生長を助ける。先にホウレンソウが収穫できて、ゴボウは翌春に収穫できる。

友達

タマネギ

水と養分が欲しい甘えん坊

野菜界きっての甘えん坊で、養分と水分をたっぷり欲しがる野菜。ホウレンソウとは混植でも、リレーでも相性バッチリ。5月～6月にタマネギを収穫後、その跡地にホウレンソウをまくと、とてもよく育つ。

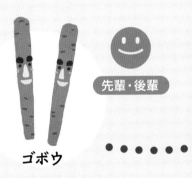

これがホウレンソウの  植え合わせベストプラン

解　説

冷涼な気候を好み、寒さに比較的強いホウレンソウ。生育・発芽適温は10～20度だが、4度でも発芽し、マイナス10度でもロゼット型に葉を寝かせて耐える。通常、ホウレンソウの秋まきは9月～10月だが、寒くなってからタネまきをする場合は、不織布を掛けるなど保温対策をしよう。春にトウが立つまで長期間、収穫できる。

秋まきは東洋系品種の日本ホウレンソウを、太陽がよく当たる畝の両サイドにまき、真ん中に九条ネギの苗を植える。ナスやエダマメなど夏野菜がよく育った跡地は肥沃なのでホウレンソウ好み。

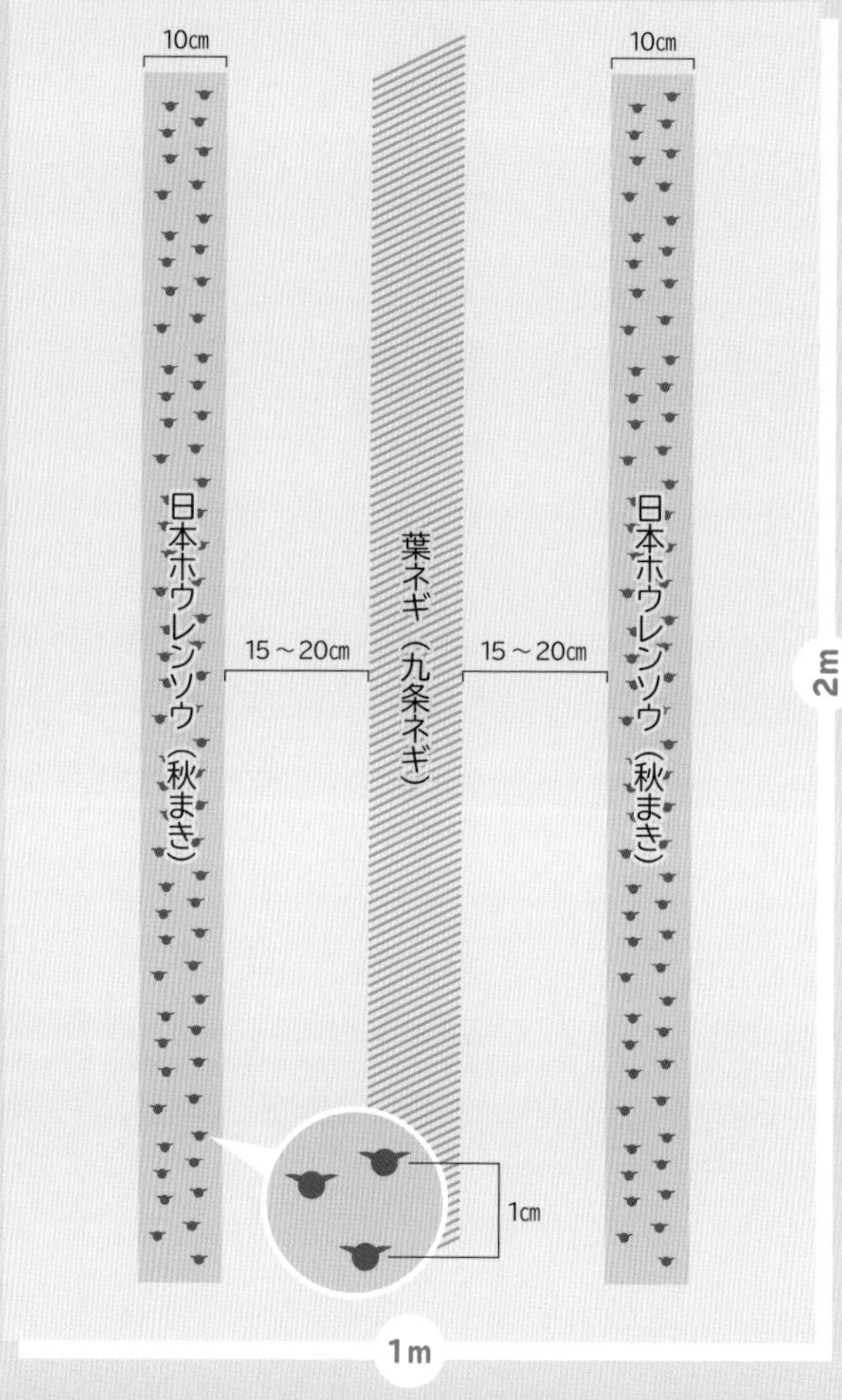

このあとの
ベストプラン
はこれ！

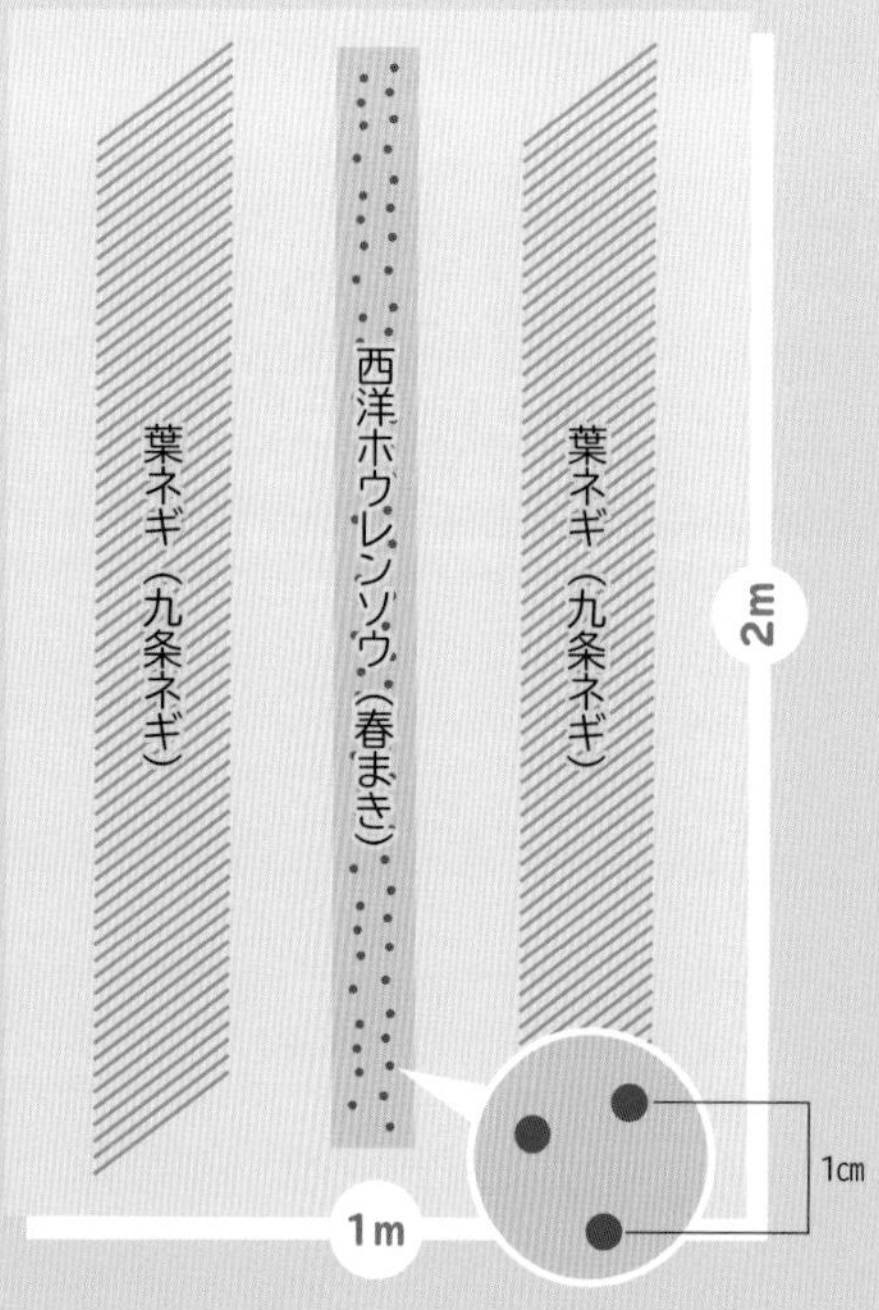

ホウレンソウの春まきは3月～4月。トウ立ちが遅い晩抽性の西洋系品種、または交配種が春まきに適している。低温でも発芽するので、春にいちばん早く直まきできる。秋冬のホウレンソウがあった場所にネギを植え、葉ネギがあった真ん中にホウレンソウのタネをまく。このプランは、交互連作もできる。

ほかにもある！

ホウレンソウと野菜の相性

キャベツ	混植◎	ホウレンソウがよく育つ、やや乾燥気味の肥沃なアルカリ性土壌を好む仲間たち。それぞれヒユ科のホウレンソウと異なる科なので、うまく養分を分かち合える。
レタス		
イチゴ		
サツマイモ	前作× 後作◎	ホウレンソウが養分を使い切った跡地は、サツマイモにピッタリ。サツマイモがツルボケせず、豊作が期待できる。ただし、サツマイモの跡地は×。痩せすぎているので、ホウレンソウがよく育たない。

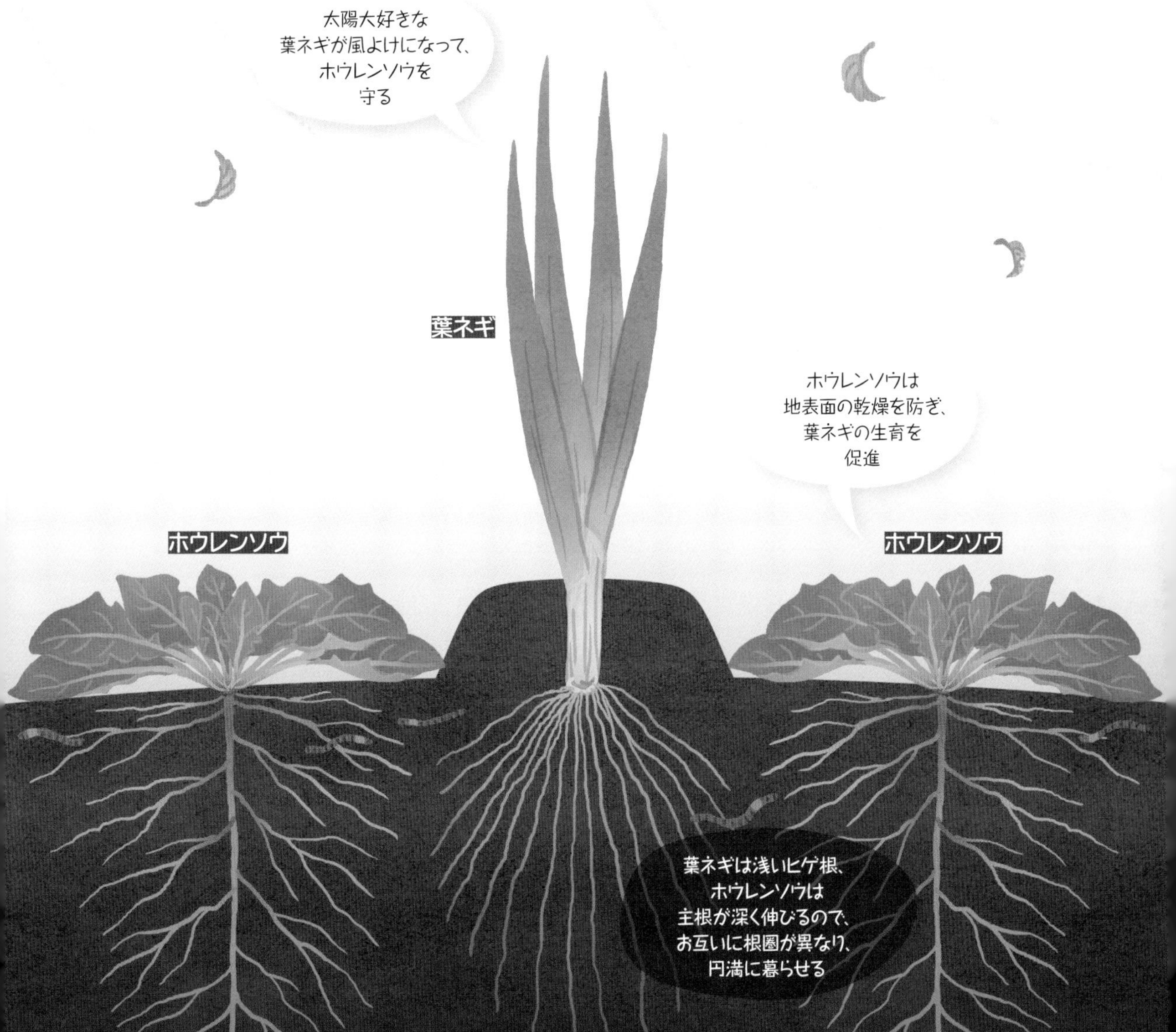
太陽大好きな
葉ネギが風よけになって、
ホウレンソウを
守る
葉ネギ
ホウレンソウは
地表面の乾燥を防ぎ、
葉ネギの生育を
促進
ホウレンソウ
ホウレンソウ
葉ネギは浅いヒゲ根、
ホウレンソウは
主根が深く伸びるので、
お互いに根圏が異なり、
円満に暮らせる

地中では何が起こっているの？

葉ネギを植えるとミミズなどの土壌生物が増え、有機物の分解が促進されるため、ホウレンソウも育ちやすくなる。さらに葉ネギの根に共生する菌が出す天然の抗生物質によって、土が殺菌され、ホウレンソウが連作できるようになる。また、葉ネギの好物はアンモニア態窒素、ホウレンソウの好物はアンモニア態窒素が変換された硝酸態窒素で、お互いに違う形の窒素を吸うため、それぞれが窒素過多になるのを防いでおいしく育つ。

自然菜園流

おいしいホウレンソウを育てるコツ

ホウレンソウのタネを1㎝間隔でまいたら、タネが隠れるくらいもみ殻くん炭をまき、その上に土をかけてしっかり鎮圧する。12月にタネをまく場合は、不織布を掛けて保温しよう。

春まきは3月中旬〜4月中旬

タネまき　9中旬-10月

水に浸けて発芽抑制物質を流し、発芽しやすく

ホウレンソウのタネは発芽抑制物質にしっかり守られているので、発芽しづらい。確実に発芽させるためのひと手間が「芽出し」。まずタネまきの４日前、タネを水に浸し、翌日になったら水を替える。３日目、タネを水から取り出して湿ったキッチンペーパーに包んで室温に置き、４日目に半乾きのタネをまく。コツは、根が出る前にタネをまくこと。根を傷つけてしまうと、生育が悪くなるため。

間引きはハサミで切ると、根を傷めない。
大きい方を間引く。

春まきは4月

間引き　10中旬-1月

大きいものから間引きする

発芽後、本葉10枚くらいになったら、間引きをスタート。隣同士の葉と葉が触れ合ったら、大きい方を間引いて収穫する。少しずつ間引いて食べながら、最終的な株間を５〜10㎝にする。ホウレンソウは株が多少重なり合っていても大丈夫。大きくなったものから間引き収穫し、株間を少しずつ広げていくようにする。

赤い根の部分がとくに甘くておいしい！

ホウレンソウは鮮度が命。食べ切れないときはすぐ茹でて、ラップに包んで冷蔵保存を。

春まきは5月～6月

収穫 11-2月

ホウレンソウがいちばんおいしいのは昼間

霜が完全にとけた昼のいちばん暖かい時間に、大きくなったものを選んで収穫を。光合成が盛んな日中に収穫すると、葉緑素たっぷりのいちばんおいしいホウレンソウを楽しめる。日本ホウレンソウは、霜に数回あたると、甘味がぐんと増して赤い根まで甘く、おいしくなる。ハサミの刃先を地中に少し潜らせて、太い根も収穫するのがおすすめ。

栽培スケジュール

● タネまき　▲ 植えつけ　■ 収穫

	1月	2月	3月	4月	5月	6月	7月	8月	9月	10月	11月	12月
ホウレンソウ	■	■	●	●	■	■			●	●	■	■
葉ネギ	■	■	▲	▲	■	■			▲	▲	■	■

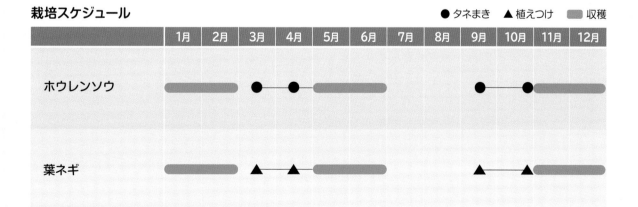

ベストプラン
12

タマネギ

野菜界一の“甘えん坊”
タマネギを
ソラマメたちが応援

サポーター

クリムソンクローバー

タマネギの周囲にまいて応援してもらう

マメ科の根に共生する根粒菌が空気中の窒素を固定し、土を肥沃にするため、タマネギの周囲にあると生育促進効果がある。クリムソンクローバーとタマネギが1：1だと、タマネギが負けてしまうので、条間にはまかず、周囲にまいて応援してもらう。害虫のアザミウマを遠ざける効果も。

養分は水もしっかり
くれないと
食べられないよ～。
えっ、甘えすぎ!?
でも、病虫害には
強いぜぇ

養分と水分が必要な
甘えん坊ナンバー1

肥沃地を好むネギの仲間の中でも、もっとも養分と水分が必要。とくにリン酸を必要とし、水はけよく、かつ水持ちのよい土壌を好む。球根で越冬し、翌春にトウ立ちしてタネをつける2年草。刺激的なにおいを持ち、病虫害を予防する効果がある。連作に向いている。

同級生

ソラマメ

一緒に越冬してお互いに助け合う

隣同士で育てると、ソラマメの根に共生する根粒菌が空気中の窒素を固定し、タマネギの生長を促進。一方、タマネギが土中のアンモニア態窒素を分解し、ソラマメの生長もよくなる。また、混植するとテントウムシやヒラタアブなどの益虫が集まり、アブラムシの被害がお互いに軽減。

友達

ニンジン

リレーでも混植でもうまく育つ

ニンジンが育っている隣に、タマネギの苗を植えると、お互いに生長促進する作用がある。それぞれに寄ってくるアブラムシなどの害虫を遠ざける効果もある。翌春、タマネギが育っている隣に、春ニンジンのタネをまいてもよい。リレーでも混植でも○。

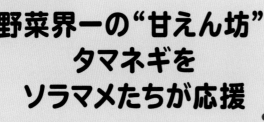

土質などの環境が合わないとほぼ生長できない

無農薬栽培の難しさでは、トップクラスのタマネギ。原産地は冷涼な気候の中央アジアから中近東原産とされ、水はけがよく、かつ水持ちもよい比較的肥えた土を好み、肥沃な土壌でよく育つネギの仲間の中でも、もっとも養分と水分を必要とします。しかも栽培期間は秋から翌春まで約9か月と長期にわたり、野菜界きっての「甘えん坊」な性格です。

タマネギの玉の大きさは、リン酸がうまく吸収できるかどうかで決まります。火山灰土などアルミニウムを含む土壌ではリン酸をうまく吸うことができず、そのままではまず育ちません。たとえば造成地や庭などの畑で育てる場合は、土壌分析をするのがおすすめ。リン酸がやや足りない場合は、１㎡あたり１００～２００ｇのバットグアノを土に混ぜておきます。大幅にリン酸が不足している土壌では、有機農産物適合肥料である砂状の「ＢＭようりん」や完熟堆肥を使い、タマネギ好みの土づくりをするとうまく育つようになります。

リレーや混植プランのポイントは、地中に存在するリン酸を遠くからも集めてきてくれる「菌根菌ネットワーク」が絶えないようにすること。タマネギのほかにソラマメ、カモミールなど、根圏に菌根菌が共生する植物を混植すると、広範囲からリン酸を吸収できるようになります。また、ワラなどで覆うと、土中の水分が適度に保たれ、タマネギの根が水と養分を好きなだけ吸って肥大します。

幼なじみのタマネギと
ソラマメが助け合って
越冬し、うまく育ちます

サポーター

カモミール

タマネギ畑の通路にまくと益虫の棲み家になる

リンゴに似た芳香を持つハーブ。1年草のジャーマンカモミールと、多年草のローマンカモミールがある。混植に向くのは、草丈が高くならないローマンカモミール。さまざまな病虫害を防ぐことから「畑のお医者さん」とも呼ばれる。テントウムシなどの益虫を呼び、タマネギの害虫アブラムシを遠ざける。

先輩・後輩

ホウレンソウ

タマネギのおかげでホウレンソウがよく育つ

タマネギの隣で育てると、ホウレンソウの生育が格段にアップ。その理由は、タマネギが地中のアンモニア態窒素を、ホウレンソウ好みの硝酸態窒素にどんどん分解してくれるため。余分な養分をホウレンソウが吸うので、タマネギにアブラムシがつきづらくなる。

険悪ムード

ダイコン

正反対のふたりはリレーも混植もNG

甘えん坊なお坊ちゃんのタマネギと、痩せ地でも育つハングリーなダイコンは正反対のキャラクター。タマネギの跡地は地中に養分が分散しているため、ダイコンが二股になったり、葉ばかり茂ってうまく育たない。一方、ダイコンの跡地は痩せすぎていてタマネギには不向き。混植も向かない。

これがタマネギの植え合わせベストプラン

解　説

まず畝の外側の通路に、クリムソンクローバーとカモミール（多年草のローマンカモミール）のタネをスジまきにする。とくにクリムソンクローバーは背が高くなり、日陰をつくってしまうので畝には入れず、通路の中心線に細いスジまきにする。畝の中心線上にはソラマメのタネを30cm間隔でまき、その両サイドにタマネギの苗を２条ずつ12cm間隔で植える。タマネギと一緒に育てると、ソラマメが養分過多にならずツルボケしづらくなる。畝にワラや刈り草を敷くことで土が保湿され、タマネギがしっかり肥大する。

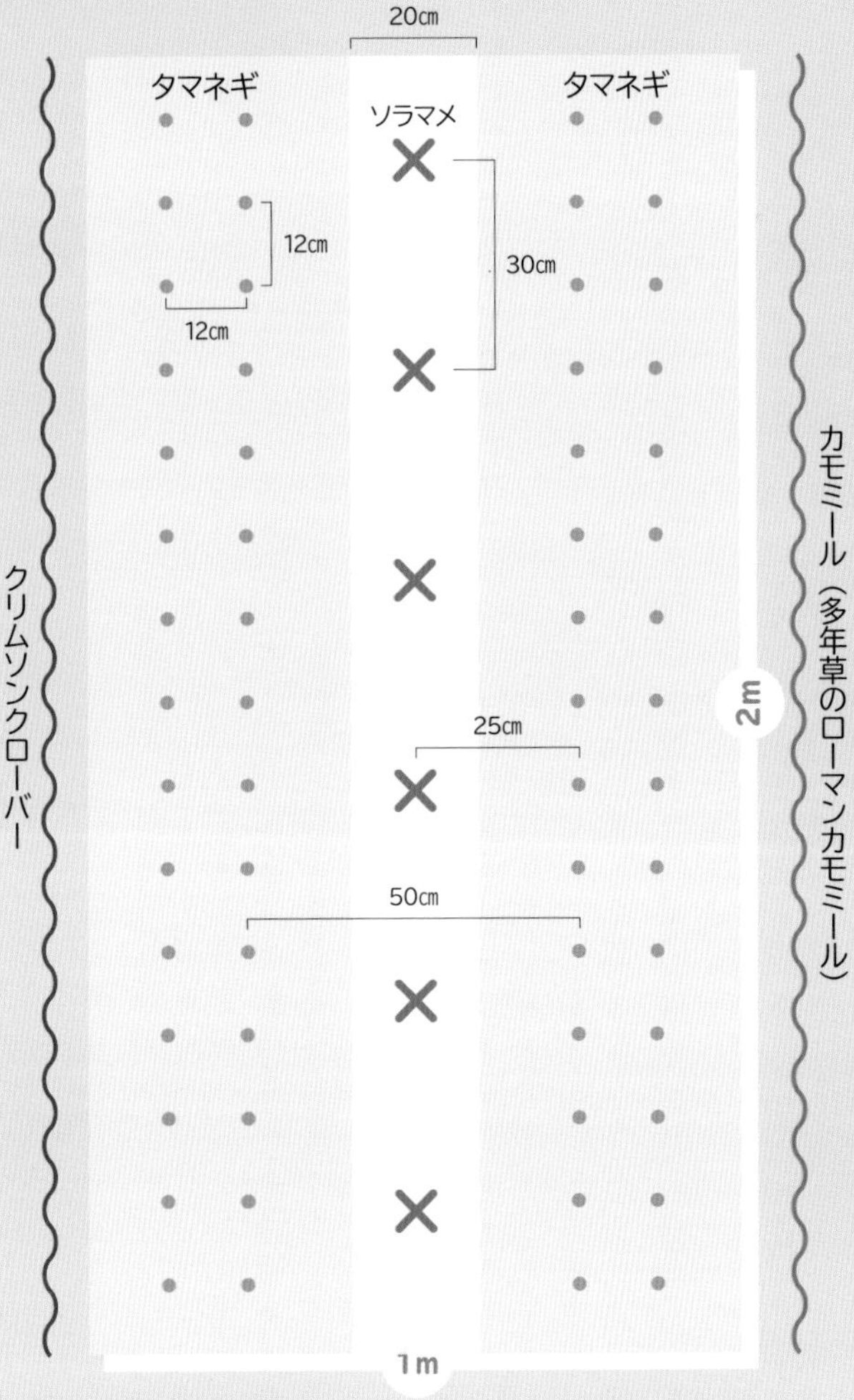

このあとの
ベストプラン
はこれ！

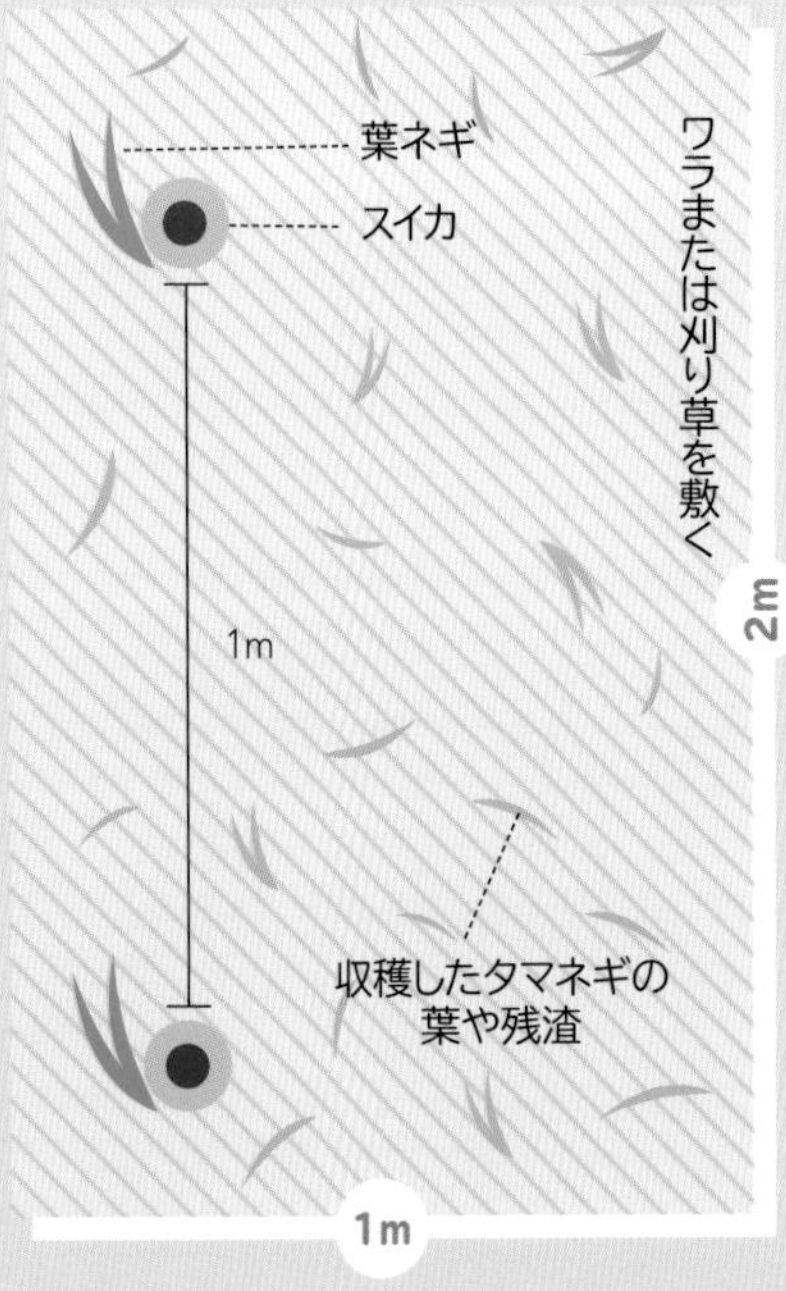

後作のおすすめは、スイカ。収穫したタマネギの葉を捨てておくと、ウリ科の葉を食べる害虫のウリハムシよけになる。スイカ苗は、病気予防のために葉ネギを同じ植え穴に植えるとよい。タマネギが欠株したところに苗を植えてもいい。スイカのほか、メロン、マクワウリ、ズッキーニなど夏に終わるウリ科を植えると、再びタマネギに戻れる。タマネギは連作するほどよく育つ。

タマネギの跡地は、夏野菜がよく育つ

しっかり土づくりをして育てたタマネギの跡地は肥沃。さらにタマネギの直根が深く耕してくれているので、夏野菜がよく育つ環境ができている。とくにスイカやズッキーニなどのウリ科、ナス科がおすすめ。タマネギが欠株した場所にこれらの苗を植えてもよい。

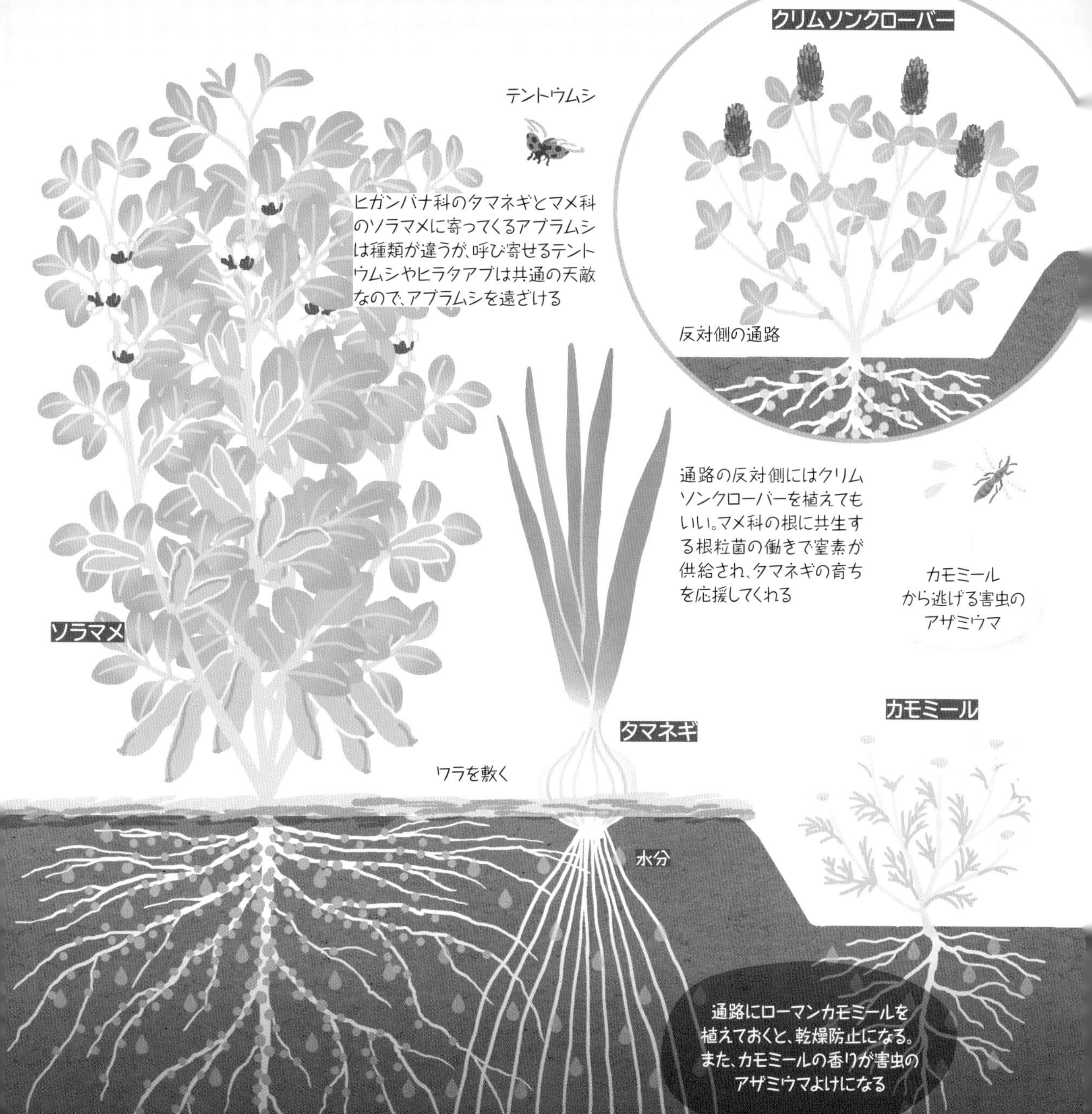
クリムソンクローバー
テントウムシ
ヒガンバナ科のタマネギとマメ科のソラマメに寄ってくるアブラムシは種類が違うが、呼び寄せるテントウムシやヒラタアブは共通の天敵なので、アブラムシを遠ざける
反対側の通路
通路の反対側にはクリムソンクローバーを植えてもいい。マメ科の根に共生する根粒菌の働きで窒素が供給され、タマネギの育ちを応援してくれる
カモミールから逃げる害虫のアザミウマ
ソラマメ
タマネギ
カモミール
ワラを敷く
水分
通路にローマンカモミールを植えておくと、乾燥防止になる。また、カモミールの香りが害虫のアザミウマよけになる

地中では何が起こっているの？

タマネギ自身のほか、ソラマメ、カモミールの根圏にも菌根菌が共生しているので、広範囲からリン酸を集めることのできる「菌根菌ネットワーク」ができあがり、タマネギにとって必要なリン酸を吸収できる。さらにソラマメの根に共生する根粒菌が窒素を固定し、土を活性化。ワラまたは刈った草で地面を覆っておくと、タマネギが思う存分地中深くから水を吸って肥大できる。また、タマネギ単独で育てると草が生えやすいが、ソラマメやカモミールが草を抑えてくれる。

自然菜園流

おいしいタマネギを育てるコツ

タマネギ苗は祝箸の太さ（5～8㎜）がよい。植えた日に油かすと米ぬかを1：1で混ぜて条間に軽くまき、その上にワラを敷くとよい。

植えつけ　11-12上旬月

新鮮な若苗を垂直に植える

長さ20～25㎝の新鮮なタマネギ苗を、12㎝間隔で“垂直に”植える。ネギのように倒して植えるとなかなか立ち上がらず、初期生育が不利になる。苗の根が長かったら、そのままグルグル巻きにして植えず、3～4㎝を残して手でブチブチちぎって植える。ハサミで切ると新鮮な根も切れるが、手でちぎると老化した根だけをのぞけるのでよい。茎葉が30㎝以上のものは、草丈20㎝を残して切る。

買ってきた苗がしおれていたら……

前日の夜から300～500倍の水で薄めた液肥に浸し、回復させてから前述のように根をちぎって植える。老化苗は活着しづらく、大きすぎる苗は早くトウ立ちしたり、分球しやすい。また、小さいと越冬できない。そのため、タマネギ栽培は苗選びが重要。細い苗は2本まとめて植えると、2つの中玉または小玉が採れる。

苗が霜で浮いたら、そのままだと乾燥して枯れてしまうので、手で押さえたり、地下足袋などで踏みつけて土に戻そう。

育成中期　2-3月

雨が少なかったらストチュウ水をたっぷり

2月～3月はタマネギの肥大期前。この時期に雨が少なかったら、暖かい晴天の昼間にストチュウ水（36ページ参照）をたっぷり与える。この時期、一般的には化学肥料を追肥する。有機質肥料で育てる場合は、この時期に追肥しても寒くて分解されず、吸収されない。しかも、あとで効くので傷みやすいタマネギになるのでこの時期の追肥はＮＧ。植えつけと同時にまいた米ぬかと油かすがゆっくり分解されて効く。

保存用は晴天続きの日に収穫し、畑で葉付きのまま１日よく乾燥させよう。

10 本あたりトウ立ちが１本以下なら、栽培成功といえる。苗の大きさや植え時期など、次回の栽培の目安にしよう。

収穫　5中旬-6中旬月

5～6割の葉が倒れたら収穫しよう

タマネギの葉が５～６割倒れたら、収穫の合図。３日以上晴れて、土が乾燥している日に抜き、その場に１日置いてから、タマネギネットなどに入れて吊るして風通しのよいところで乾燥させる。タマネギは水を吸いやすいため、雨が降ってすぐに収穫すると長期保存できない。採ってすぐに食べると新タマネギのみずみずしさを楽しめる。ちなみに肥大前に収穫する葉タマネギは、豚肉と炒めると甘味たっぷりでおすすめ。

栽培スケジュール

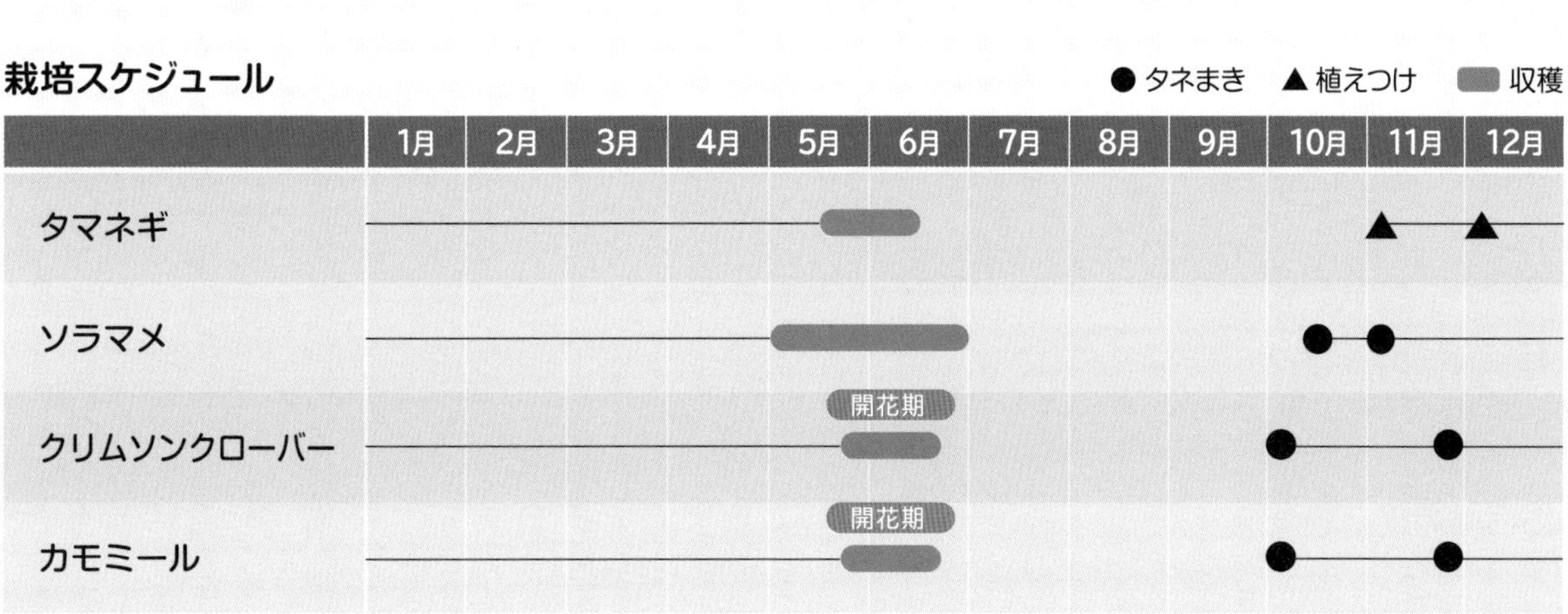

ベストプラン
13
ジャガイモ

連作障害の元凶となるジャガイモは唯一の親友、ネギで封じ込める!

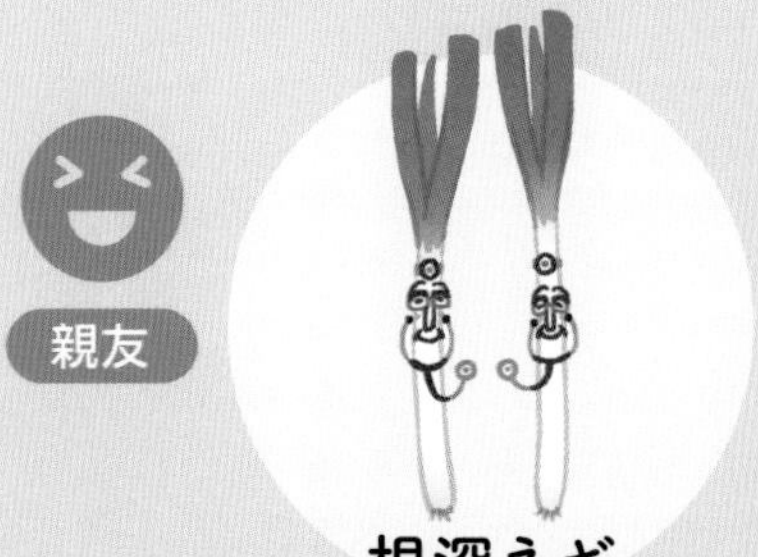

根深ネギ

野菜界のドクター

微生物やミミズを呼び、ジャガイモが苦手な未熟有機物をどんどん分解。根に共生する拮抗菌が抗生物質を出して土壌を消毒し、連作障害を防ぐ。ジャガイモとは混植でも前後作でもうまくいく。ただし、インゲンとは険悪な関係。

険悪ムード

孤高の開拓者

ほかの作物が育たない痩せ地で育つ、アウトロー。故郷アンデスの古代都市、マチュピチュ遺跡では、隔離して育てられていたほどの要注意野菜。すっきりとした無肥料の土が大好きで、未熟な有機物は苦手。

ツルなしインゲン

根の根粒菌が土を活性化

根に共生する菌が土を活性化するとともに、適度な日陰を提供し、ジャガイモの収量がアップ。ジャガイモとともに土寄せをすると、インゲンの根も増えて収量が高まる。ジャガイモと混植はいいが、リレー栽培はセンチュウを増やすので×。ネギとは険悪な関係。

×
険悪ムード

トマト

ナス科全員、ジャガイモと相性×

ジャガイモと同じナス科の野菜は、すべての病虫害を共有し、養分も競合する。ジャガイモと同郷、アンデス出身のトマトも険悪な関係。ジャガイモと混植やリレー栽培をすると、連作障害を引き起こす。

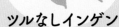

古代アンデスでは隔離栽培されていた危険野菜

ジャガイモの故郷は、南米のアンデス山脈。標高3000m以上の高地に、いまも野生のジャガイモがたくさん自生しています。

そんなジャガイモは、ほかの作物が育たない痩せ地で育つ開拓者。すっきりとした無肥料の土が好きで、じつは孤高の存在であるがゆえに危険な顔を持つ野菜です。というのも、ジャガイモは同じナス科のすべての野菜はもちろん、キュウリ、カボチャ、ピーマン……など、ほとんどの作物の連作障害を引き起こすきっかけとなるから。また、ジャガイモ自身がほかの植物が育ちにくくなる「忌地現象」も引き起こしていると考えられます。アンデスの古代都市マチュピチュでは、その危険性からジャガイモ以外の作物の持ち込みを厳禁とする「ジャガイモ専用区」がつくられていたほどです。

高温多湿の日本では、さらに多くの病虫害を招きます。ほかの作物の生育を妨げる原因のひとつが、ジャガイモが発症しやすい「疫《えき》病《びょう》」です。疫病は糸状菌《しじょうきん》（カビ）による病気で、ほとんどの野菜に感染。また、ジャガイモはセンチュウやテントウムシダマシといった病虫害を招きやすく、春真っ先に「とりあえずジャガイモを」と植えると、そのあとに続く野菜たちが次々に病害虫の餌食になります。掘り残しなどの残渣も確実に残るので、最初のうちは問題がなくても、3〜4年目から影響が出始めることが多いようです。

ほとんどの野菜と仲良くできないジャガイモですが、唯一無二の親友がネギ。ネギの根に共生する拮抗菌が抗生物質を出して連作障害を防ぎます。

**春真っ先に植える
ジャガイモが
連作障害の
引き金に……！**

カボチャ

ウリ科もジャガイモと相性×

ウリ科の野菜もジャガイモとの相性が悪く、混植もリレー栽培も要注意。とくにキュウリ、スイカをはじめ、メロンとの相性は最悪。ネコブセンチュウを増やし、病気が多発する。ただし、ジャガイモの後作のゴーヤは、時期が離れていることもありリレーをしても大丈夫。

キャベツ

アブラナ科全員、ジャガイモと相性×

アブラナ科の野菜も、ジャガイモとの相性が悪い。混植もリレー栽培もダメで、キャベツはジャガイモの近くでは結球しづらい。カブやブロッコリーは一応育つが、カブは肌が汚くなったり、粒がそろわないなど生育が悪くなる。

ショウガ

ジャガイモが大の苦手

ジャガイモとは混植でもリレー栽培でもダメ。ジャガイモが温存していることが多い疫病や根こぶ病に弱いため。ジャガイモの茎葉をマルチに使うだけで元気がなくなるほど。もはや「馬が合わない」としかいえない。

これがジャガイモの植え合わせベストプラン

解　説

　畑の嫌われ者、ジャガイモは相性抜群のネギと混植&リレーを繰り返して専用区画に封じ込めるとうまくいく。春作は根深ネギとともに、ツルなしインゲンを一緒に植えることで、マメ科の根に棲む共生菌の働きによって土を活性化し、収量アップを目指す。ただし、センチュウ被害のある畑はインゲンが被害を拡大させるので、代わりにエダマメを植えよう。

　気をつけたいのが、ジャガイモの数少ないコンパニオンプランツであるネギとインゲンの相性が悪いこと！ これらは必ずジャガイモを挟んで植える。

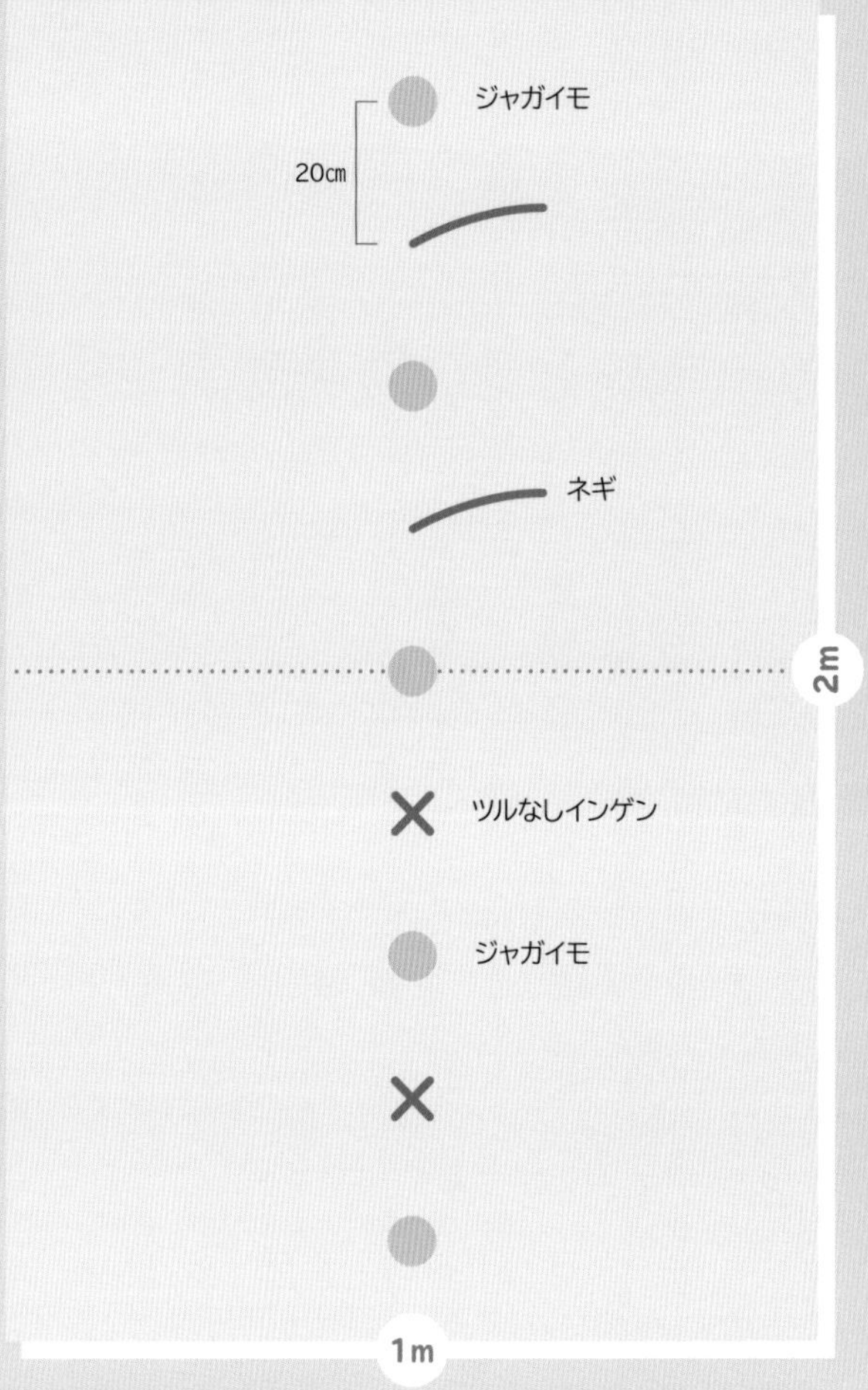

このあとのベストプランはこれ！

交互連作OK

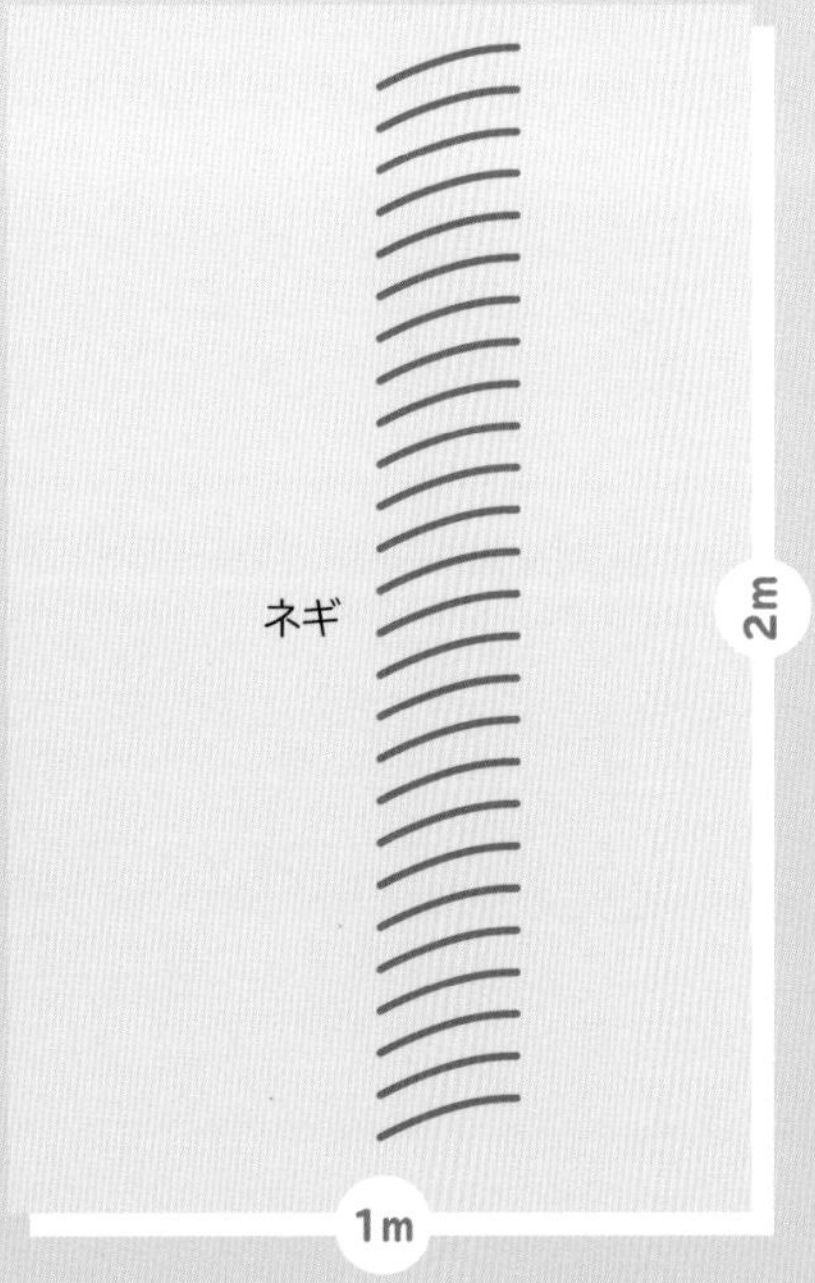

ジャガイモを育てたあとは、ネギの根に共生する拮抗菌が分泌する抗生物質の働きによって土壌を消毒。2つの専用区画があれば、ジャガイモとネギの位置を毎回替えて交互連作し、春秋にジャガイモが年2回収穫できる。インゲンを混植できるのは時期的に春作のみ。

ほかにもある！

ジャガイモと野菜の相性

トウモロコシ	混植○ 前作○	ネギと同じ単子葉植物で、ジャガイモと競合せず30㎝以上離して隣に植えると相性がいい。余計な養分を吸って日陰をつくり、ジャガイモの収量をアップ。
マリーゴールド	混植 前後作 ◎	ジャガイモの前作ならセンチュウを減らし、混植なら後作への影響を抑える。ジャガイモ収穫後は一緒に土にすき込むといい。
ダイコン	前作× 後作○	ジャガイモの後作は○。ネコブセンチュウに寄生されても発症せず、共通する病虫害がないから。ただし、ダイコンのあとのジャガイモは収量が落ちる。
バジル	混植○	ジャガイモに来るテントウムシダマシを忌避し、余計な水分を吸って、疫病を予防。ジャガイモを掘るときに根が傷つくが、バジルは強靱で復活しやすいのでぎりぎりセーフ！

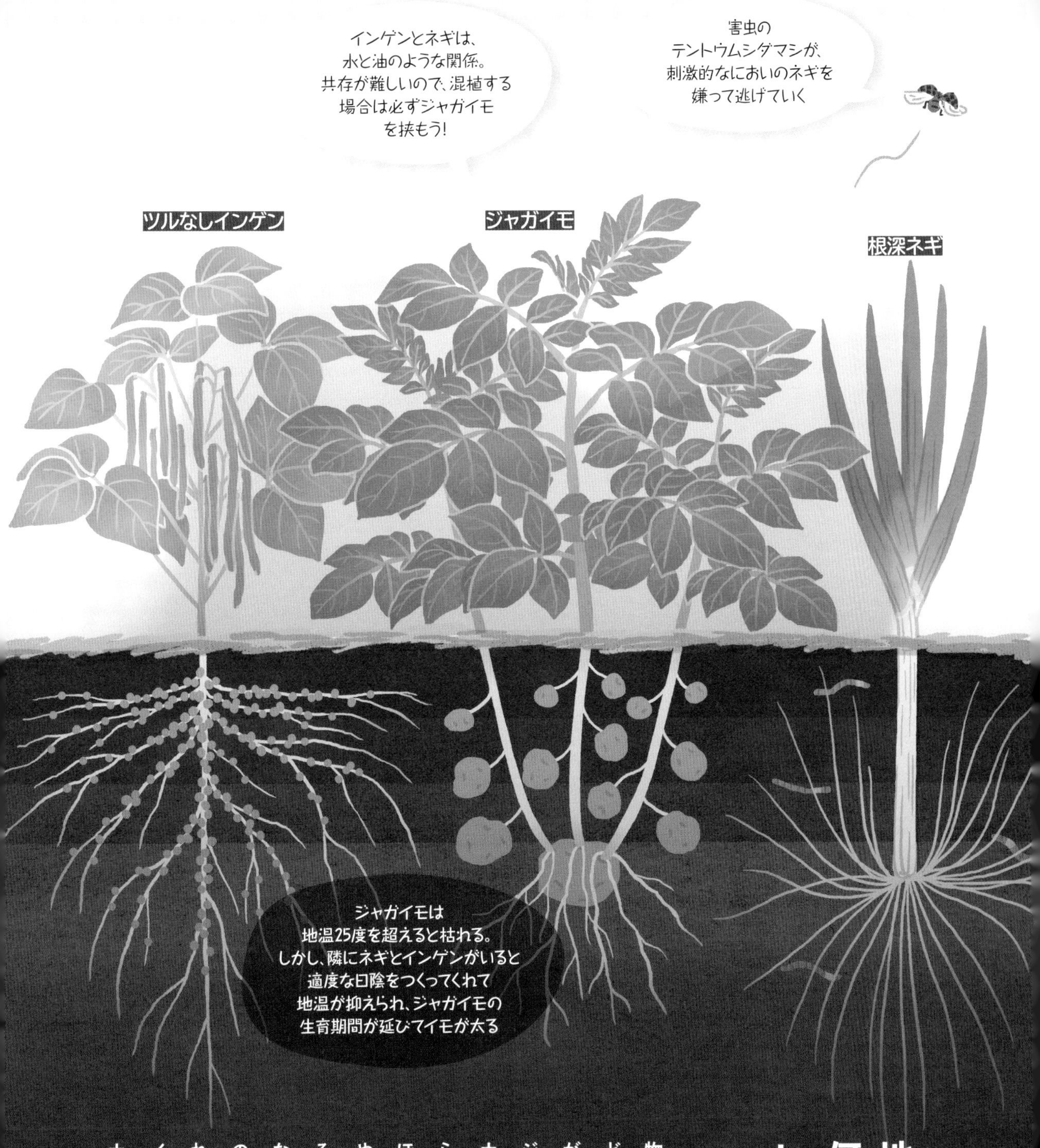
インゲンとネギは、
水と油のような関係。
共存が難しいので、混植する
場合は必ずジャガイモ
を挟もう!
害虫の
テントウムシダマシが、
刺激的なにおいのネギを
嫌って逃げていく
ツルなしインゲン
ジャガイモ
根深ネギ
ジャガイモは
地温25度を超えると枯れる。
しかし、隣にネギとインゲンがいると
適度な日陰をつくってくれて
地温が抑えられ、ジャガイモの
生育期間が延びてイモが太る

地中では何が起こっているの？

ネギを植えると、ミミズや微生物が集まって未熟な有機物をどんどん分解し、根に共生する拮抗菌が抗生物質を分泌して土壌を消毒。ジャガイモ好みのすっきりとした土をつくり、連作障害を防ぐ。さらにネギにはセンチュウを抑えるほか、害虫のテントウムシダマシやネズミを寄せつけない効果もある。一方、ジャガイモが残す茎葉などの残渣は、ネギにとって最高のごちそう。お互いに持ちつ持たれつの関係でうまくいく。また、インゲンの根に共生する根粒菌が土を活性化する。

自然菜園流

おいしいジャガイモを育てるコツ

頂部の切り口が横になるよう、寝かせて植える。

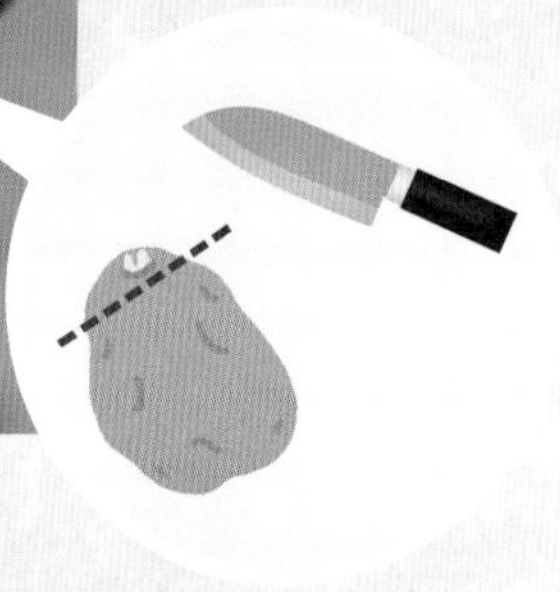

2日間太陽に当てて切り口を乾燥させたもの。

夏植えは8月下旬～9月上旬

植えつけ　3月

種イモは80gの小イモがおすすめ

種イモは、いちばん小さいＳ玉がおすすめ。植える前に太陽によく当てて緑化させ、小さな芽がたくさんつく頂部を包丁で切る。もし種イモが大きい場合はさらに60～80ｇになるようカットし、切り口を２日間太陽に当てて乾燥させてから、頂部の切り口が横になるように植える。根深ネギも同時に植える。

小さい芽がたくさんつく頂部を最初にカットすることで、ヒョロヒョロの細くて弱い芽が出づらく、３～５本の太い芽が出る。また、ジャガイモがショックを受けて収量が増える。Ｓ玉ならこれ以上切らずに植えられるので、切り口が小さく、病原菌が入るリスクが少ない。

草が生える前に土寄せをすると収量アップ！

夏植えは9月上旬～11月上旬

土寄せ　4-5月 中旬

花が咲くまでこまめに土寄せしよう

芽が出たら最初の花がつくまで、週に１回ペースで株元に土をかける。ジャガイモの葉が３枚出ていれば光合成できるので大丈夫。こまめに土寄せをすることで、収量がアップする。つぼみや花がついたら、もうイモの数は増えないので土寄せ終了。土寄せの代わりに草マルチすると、地温の上昇が抑えられて寿命が２週間ほど延び、イモがより太る。

芽の本数は、Ｌ玉の収穫を狙うなら1～２本、中玉なら３～４本、小玉なら５本以上を残すのが目安。収穫したいイモの大きさに合わせて芽かきをしよう。

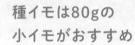

夏植えは11月中旬

収穫

6中旬-7中旬月

新ジャガと保存イモで収穫時期が違う

地上部が半分枯れたら新ジャガの収穫期。新ジャガは保存性がないので、収穫したらすぐに食べよう。また、地上部が全部枯れたら、いよいよ保存用のジャガイモの収穫期。皮がコルク化して完熟したジャガイモは、ほくほくとした甘さ。収穫後、光が当たらないよう新聞紙などに包んで涼しいところに置いておけば、冬を越して保存できる。

栽培スケジュール

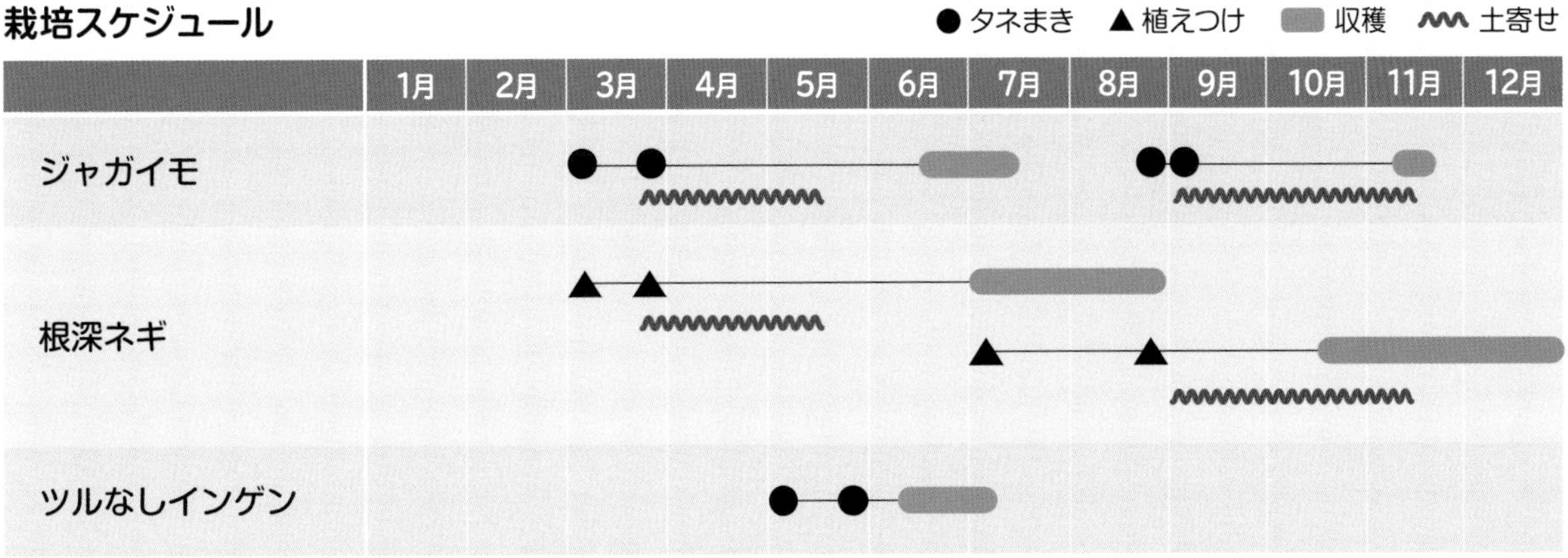

ベストプラン

14 ニンジン

雨季と乾季を生き抜いてきたド根性野菜、ニンジンはカブと相思相愛

雨季と乾季を生き抜くサバイバー

中央アジアの山岳地帯出身。水辺に育つセリ科の仲間ながら、乾季を耐え抜く特殊能力を身につけた。肥料を集める能力が高く、たとえ痩せ地でも育つド根性の持ち主。最近は品種改良で痩せ地だと太りにくいものも。

恋人

カブ

ニンジンと相思相愛の大和なでしこ

「日本書紀」にも出てくる、日本で古くから栽培されてきた大和なでしこ。ニンジンとは相思相愛のベストパートナー。乾季に水があると割れやすいニンジンの隣で育てると、ちょうど肥大期にあたるカブが余分な水を吸ってくれる。

親友

ゴボウ

ニンジンと協力する親友

ユーラシア大陸北部出身で、寒さや乾燥に強く、無肥料でもよく育つド根性。乾燥に強いニンジンに対して、ゴボウは雨の多い地帯で進化したため、水や光や養分をうまく分け合え、一緒に地中を掘り進んで生長する。隣で育てるといい。キンピラにしても相性抜群。

ガードマン

ニンジンの二大病虫害

センチュウ＆根こぶ病 対策本部

マリーゴールド

センチュウ対策のスペシャリスト。根から分泌される物質が、ニンジンに被害を及ぼすネコブセンチュウやネグサレセンチュウを抑える。

ダイコン

根こぶ病対策のスペシャリスト。アブラナ科の中で唯一根こぶ病に寄生されても発症せず、ニンジンの前作で育てると、収穫の際にそのウイルスも除去できる。ただし、収穫後はしっかり土づくりを（96ページの「要注意野菜」を参照）。

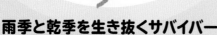

特殊な環境で進化を遂げたセリ科の仲間

ニンジンは、山野の水辺で群生してよく育つセリと同じ、セリ科の野菜です。しかし、セリと大きく違うのは、中央アジアの山岳地帯出身で、雨季と乾季がはっきりと分かれた気候のもとで進化してきたということ。過酷な環境に順応するため、ニンジンは雨季にいっせいに発芽し、乾季が来ると根っこを発達させて耐え抜き、そこに蓄えた養分でタネをつける能力を身につけました。

そんなニンジンと相性抜群なのが、カブです。セリ科とアブラナ科の相性はよく、なかでもニンジンとカブは特別な関係です。日本で古くから栽培されてきたカブは、暑さや乾燥に弱く、水が好き。夏、乾季モードに入ったニンジンは雨が降ると割れてしまいますが、その隣にいるカブが水分をぐんぐん吸って太り、余分な水分を葉から蒸散させて逃がします。

また、ニンジンは養分を敏感にキャッチする性質があり、地中に有機物が点在していると二股三股になってしまいますが、カブは未熟な有機物でも分解しながら生長するため、ニンジンがまっすぐ育ちます。一方、カブの葉を食べる虫たちは、ニンジンの葉の香りが苦手。カブが虫の食害にあうのを防ぎます。また、ニンジンの葉を食害する虫といえば、キアゲハなどの幼虫。そこで隣にエダマメを植えると目隠し効果などにより、これらの成虫を忌避。エダマメにつくカメムシは、ニンジンの葉の香りが苦手なので寄りつきません。

ちなみにニンジンは特殊な環境で進化したため、相性の悪い野菜が意外に多い野菜です。96ページの表を見て気をつけてください。

ニンジンとカブは
前後作でも混植でも、
相性バッチリ！
超おすすめコンビです

友達

エダマメ

菌と共生し畑を盛り上げる

東アジア出身。根に共生する根粒菌が空気中の窒素を固定し、土をにぎやかにする畑の盛り上げ役。ニンジンの隣で育てると生長を促進し、ニンジンの葉の香りで、エダマメを食べるカメムシが寄りつかない。隣で育てるといい。

険悪ムード

セロリ

ニンジンとの相性が最悪

ニンジンは、自分以外のセリ科全般と相性が悪い。なかでも多年草との相性は最悪で、前後作も混植もNG。冷涼な高地の湿原出身のセロリもセリ科の2年草なので、近くにいるとお互いにうまく育たない。

要注意

インゲン

一緒にいると被害拡大

マメ科の根に棲む根粒菌が土を活性化。だが、センチュウ被害を拡大させるのがたまに傷。インゲンもニンジンもセンチュウを呼ぶため、センチュウの出る畑で一緒にいると、ほかの野菜も巻き込んで泥沼状態に！

これがニンジンの  植え合わせベストプラン

解　説

ニンジンは同じ場所で続けて育てると肌がきれいになり、おいしさもアップ。そこで今回のプランでは、中央1列をニンジンの「連作区」とし、その両サイドをカブとエダマメの「リレー区」として交互に育てて、生育アップと害虫の忌避効果を活かす。連作区は無肥料で育てる。

ポイントは、中央の連作区のニンジンをスジ状にバラまきし、その上からニンジンのタネの10%の量のカブのタネを重ねてまくこと。発芽が難しいニンジンだが、ひと足早く発芽するカブがニンジンの発芽しやすい環境をつくる。

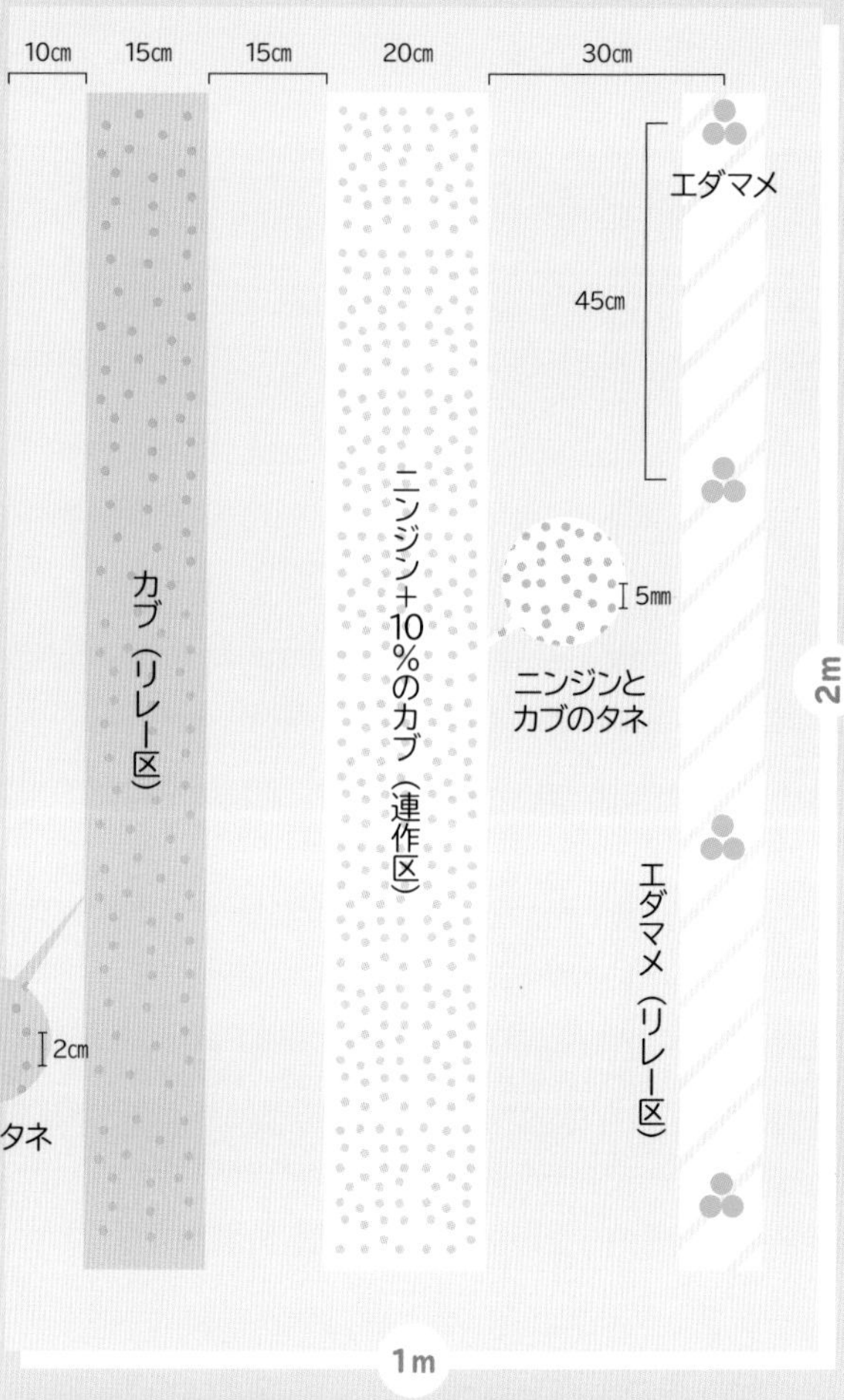

このあとのベストプランはこれ！

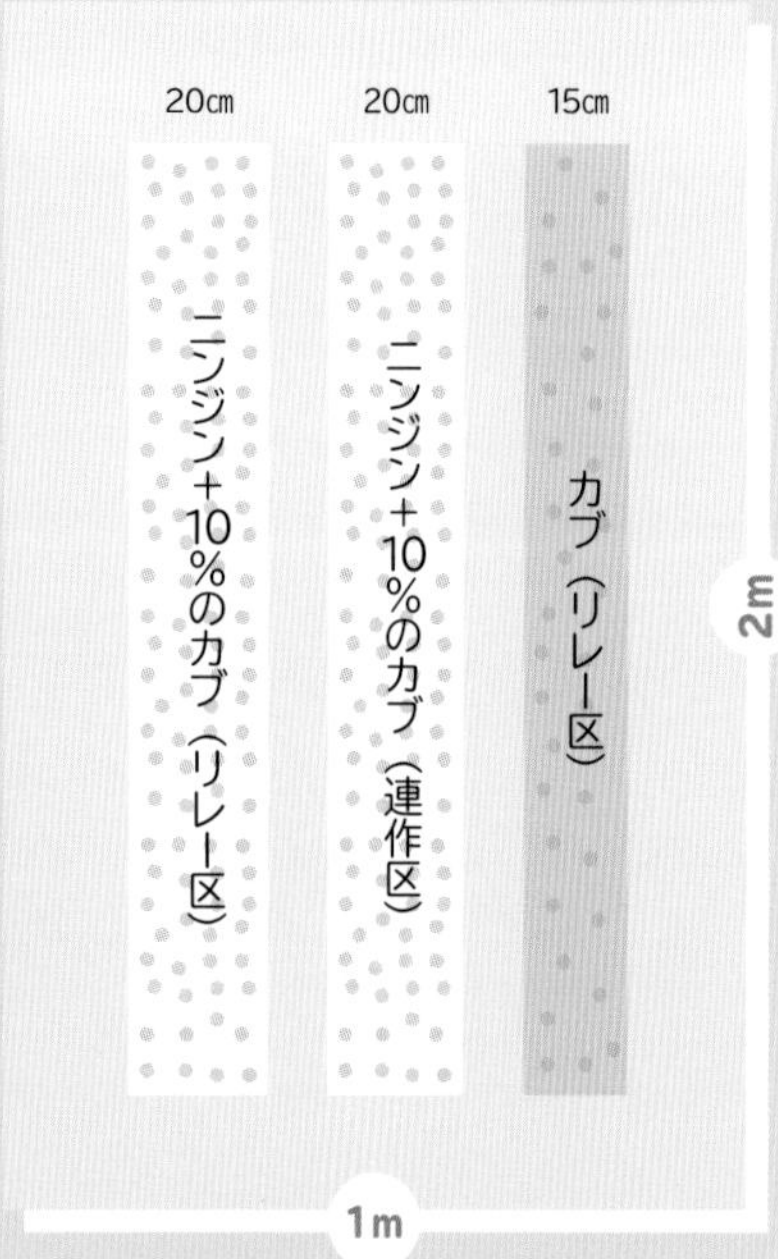

ニンジン連作区の両サイドは、エダマメ→カブ→ニンジンと順番に育てるリレー区。連作区では毎回ニンジンのタネの上から、その10%の量のカブのタネをまいて発芽率アップ。

ニンジンと相性が悪い「要注意野菜」

	危険度	
セリ科全部	5	ニンジンはセリ科全般と相性が悪い。多年草は最悪。前後作も混植もNG。
ジャガイモ **キュウリ** **キャベツ** **ハクサイ**	4	跡地は未熟な有機物が増えるため、きれいなニンジンができない。
インゲン	3	センチュウ被害を拡大させる。センチュウがいない畑ならOK。
エダマメ	2	不耕起の場合のみ地中に養分が点在するので跡地はNG。耕せばOK。
トウモロコシ **ダイコン**	1	跡地は養分不足。完熟堆肥を施してしっかり土づくりが必要。

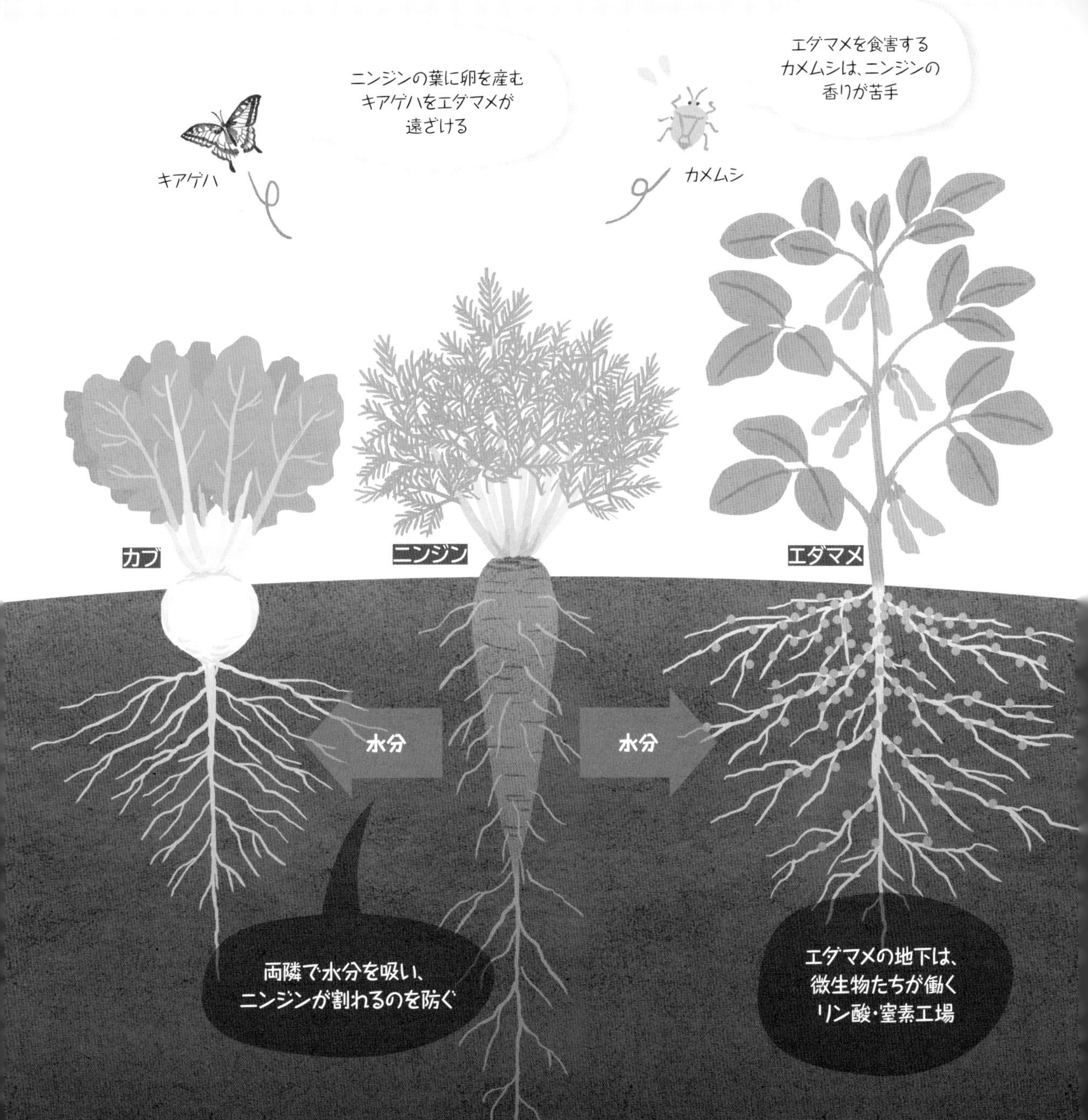

地中では何が起こっているの？

カブは未熟な有機物も分解促進しながら生長し、ニンジンが二股三股になるのを防ぐ。また、ニンジンは乾季に水があると割れやすいが、両隣で育つカブとエダマメが水分を吸ってくれるので、ちょうどいい乾き具合となる。エダマメは根を伸ばして、そこに暮らしている菌根菌がリン酸を引き寄せ、根粒菌が窒素を供給。これらの活躍でニンジンの生長もよくなる。

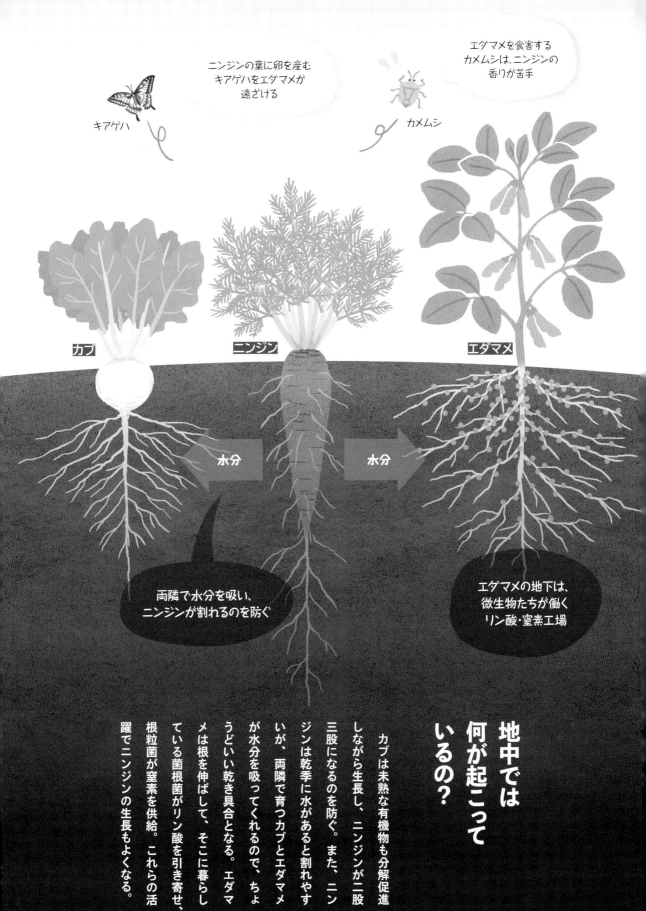

自然菜園流

おいしいニンジンを育てるコツ

春まきは4月中旬〜5月中旬

タネまき 6中旬-7中旬月

ニンジンのタネの上に 10%の量のカブのタネを「かぶせまき」

ニンジンをまく予定の場所の両サイドに、エダマメとカブのタネをまいておく。その1週間後、梅雨のうちにニンジンをスジバラまきにし、その上からカブのタネを重ねてまく。この「かぶせまき」のテクニックによって、ひと足先に発芽するカブが乾燥を防ぎ、その根が地下に水脈をつくり、ニンジンの発芽率が高まる。

1 溝を平らにならしてニンジンのタネをまき、その上からカブのタネを重ねてまく。2 土をかけたらしっかり鎮圧することがポイント。3 乾燥しないように、刻んだワラやもみ殻またはもみ殻くん炭をかけておくといい。

くっついているところはハサミで地上部を切って間引く。

間引きニンジンは香りがよく、サラダでもおいしい。

春まきは5月中旬〜7月中旬

間引き 7中旬-9上旬月

雨季と乾季を再現するようイメージして徐々に間引く

ニンジンは、競り合って育つセリ科。間引きは隣同士の葉が触れ合う距離を保つ。雨季から乾季に変わるにつれて乾燥すると根が発達するため、徐々に間引いて株間を広げ、乾燥させていく。ニンジンは品種の大きさによって、間引きの間隔が異なる。五寸ニンジンなら最終株間は15㎝、四寸なら12㎝、三寸なら9㎝。五寸ニンジンの場合、本葉3〜4枚で3〜4㎝間隔に間引き、5〜6枚で6〜8㎝間隔、最終的に15㎝とする。

ニンジン葉は刻んでハーブとして使ってもおいしい。

収穫時期は天気予報をチェックし、
雨が降る前に収穫。

春まきは8月〜10月中旬

収穫 10-11月

雨が降って割れる前に全部収穫する

ニンジンは最終的な太さになってから雨が降ると割れるため、採り遅れないように気をつけよう。生育途中で間引きながら収穫し、五寸ニンジンなら15㎝ほどになったら、雨が降る前にいっせいに収穫。収穫したら葉を落として、土の中に横に倒して埋めておくと長持ちする。ちなみに連作区のニンジンは、春夏秋と年3回まくこともできる。

栽培スケジュール

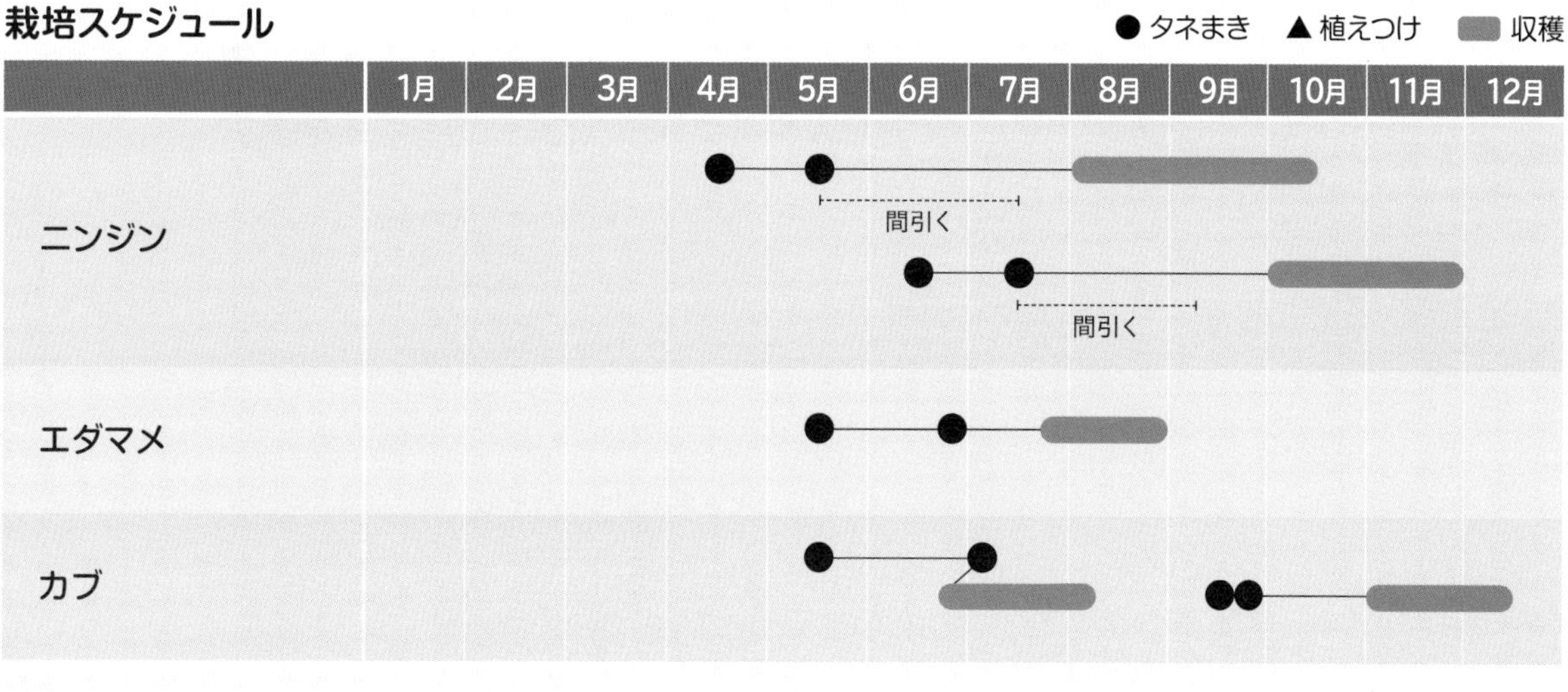

ベストプラン 15

ダイコン

ダイコンが残暑と虫害に負けないよう、シュンギクたちがガード！

砂漠でも生き延びてきたタフなオレ。未熟有機質（未完熟の堆肥とか）はカンペンな

方位磁石いらずの「特殊能力」を持つタフガイ

出身地は諸説あるが、中近東の砂漠のあたり。ゆっくりと回転しながら育ち、最終的には2列の側根（ダイコンの縦方向に並ぶ細い根）が東西を向く。その正確さは、ダイコンを掘れば方角がわかるといわれるほど。基本的に痩せ地に強いド根性野菜。

ガードマン

シュンギク

独特の香りで虫を寄せつけない

地中海沿岸出身。強い香りで虫を遠ざける。ダイコンの隣で育てると、初期に密集して育つ小さいダイコンを虫の食害からガードしてくれる。葉の切れ込みが深くて香りが強い中葉系、葉に切れ込みの少ない大葉系などがある。

友達

トウモロコシ

暑さよけになり、土の団粒化を促進

中央アメリカ出身。ダイコンの隣で育てると、背が高いので日陰をつくって暑さよけに。また、深さ1m以上の根を張り、余計な養分を分解して、団粒構造の発達したダイコン好みのすっきりした土をつくってくれる。トウモロコシの跡地も◎。

険悪ムード

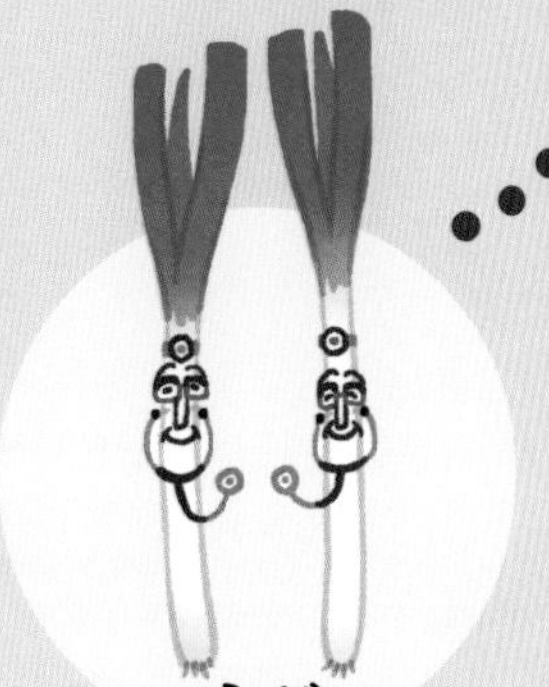

ネギ

ダイコンとは相性最悪

根に共生する拮抗菌が抗生物質を出して土壌を消毒する、「野菜界のドクター」ことネギ。でも、ダイコンとの混植は最悪。ネギは未熟有機物を分解しながら育つため、養分が地中に点在し、ダイコンが又根になりやすい。ただし、ダイコンの跡地に堆肥を入れると、ネギがよく育つ。

ダイコン栽培の成功の秘訣は、「適地適作」

古代エジプトから食べられてきたという記録があり、砂漠の気候に適応してきたダイコン。日本でも古くから栽培され、各地の土壌や気候風土に合わせて、多種多様なダイコンが誕生しました。現在、主流の青首ダイコンのほか、重さ6kg以上になる世界最大の桜島大根（鹿児島県）、長さ120cmにも達する世界最長の守口大根（大阪府発祥）など、形状も性質もさまざまな〝ご当地ダイコン〟があります。

ダイコン栽培でいちばん重要なのが「適地適作」です。昔からの在来品種ならよく育つ一方、その土地に合わない性質を持つダイコンは、どうしてもうまく育ちません。どの品種が向いているかわからないときには、2〜3種類を育ててみる方法がおすすめです。

そのほか、ダイコン栽培で重要なのが、直前に堆肥や有機質肥料を入れないこと。地中に未熟な有機物があると、それを避けて二股三股のダイコンになることがあります。堆肥も有機質肥料も入れず、不耕起で育てた方がきれいに育ちます。もし施肥をするなら、1か月前にしっかり耕して有機物を分解させておきましょう。

ダイコン栽培で心配なのは、極端な暑さとダイコンハムシを代表する虫による食害。そこで混植相手にぴったりなのが、シュンギクやカラシナ。シュンギクの強い香り、カラシナの辛味成分を虫が嫌がり、とくに初期に密集して育つダイコンを虫の食害から守ることができます。また、これらをダイコンの隣で育てることで、ダイコンにとっては厳しい残暑の日差しよけにもなります。

シュンギクとカラシナが
残暑の頃のダイコンを
虫から守ってくれます

友達
△
要注意

エダマメ

混植は相性バッチリ！
でも、エダマメの跡地は×

東アジア出身。根の小さなコブに共生する根粒菌が、空気中の窒素を固定して養分を供給してくれる、畑の盛り上げ役。元田んぼや粘土質などで大活躍。ダイコンの隣で育てると生育を助けるベストパートナーになるが、エダマメの跡地はダイコンが股割れになるので注意！

ガードマン

カラシナ

辛み成分が虫よけに

中央アジア出身。地中海沿岸から世界各地へ広がった。ヨーロッパに伝えられ、マスタードの材料として用いられるようになった。ダイコンの隣で育てると、ぴりっとした独特の辛味成分が虫を遠ざける。

ガードマン

マリーゴールド

センチュウ対策委員長

マリーゴールドの根に含まれる成分が、ネグサレセンチュウやネコブセンチュウなど有害センチュウの被害を軽減。アブラムシを遠ざけ、天敵を呼ぶ効果もあるといわれる。独特の強い香りがあり、すき込むと防虫効果が高まる。

これがダイコンの 植え合わせベストプラン

解　説

ダイコンは基本的に痩せ地でも育つタフガイ。ただし、極端な暑さと初期の虫による食害には弱い。そのため、春まき、秋まきともに強い日差しと虫害をカバーすることがいちばんの課題となる。

そこでこのプランでは、まず8月中旬から虫よけ効果のあるシュンギクとカラシナのタネを畝の中央にまいておき、そのあと9月中旬までにダイコンのタネをシュンギクの両サイドにまく。最初に育ったシュンギクとカラシナが、強い香りや辛味成分で害虫を遠ざけて、ダイコンを食害から守ってくれる。

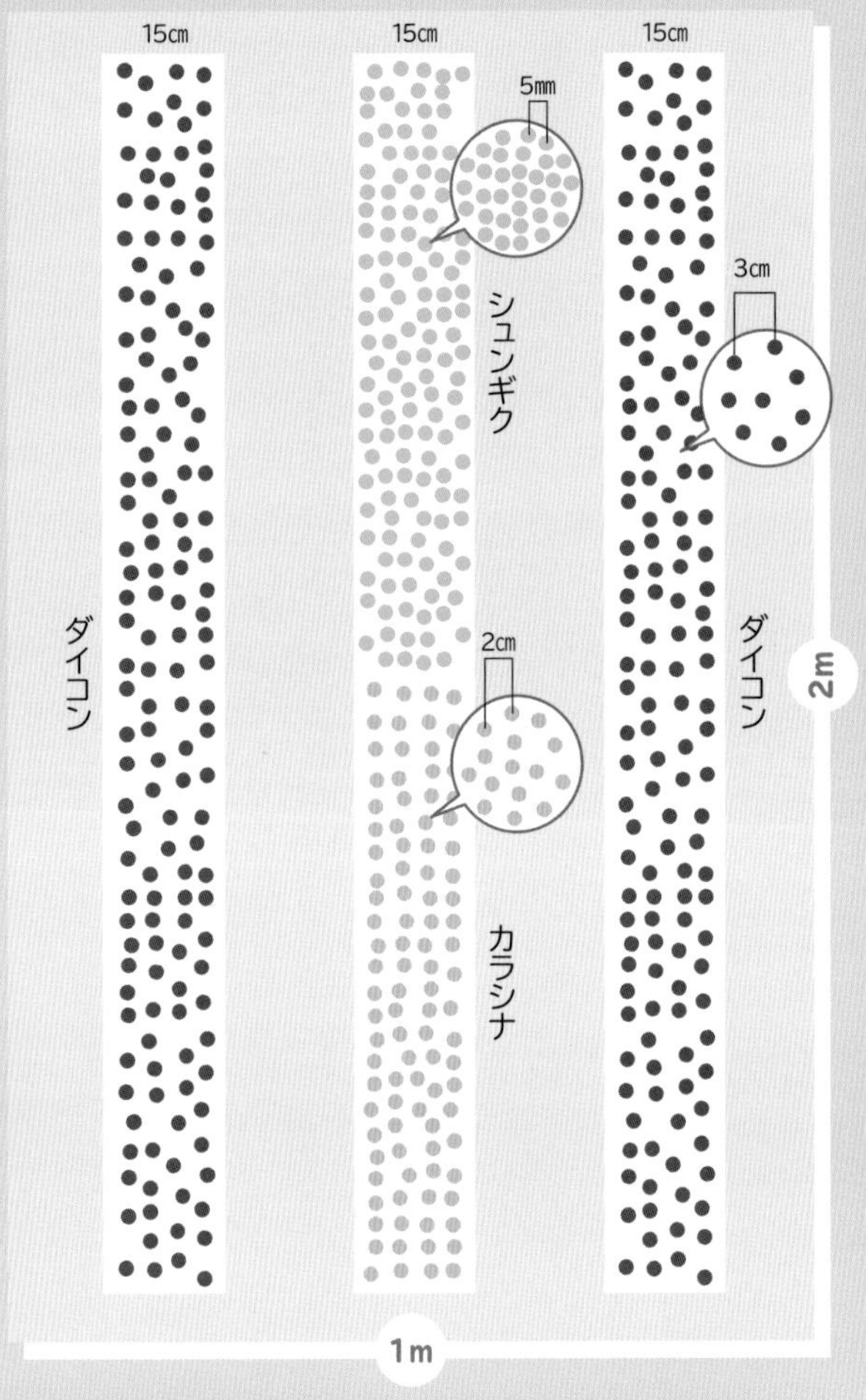

このあとの ベストプラン はこれ!

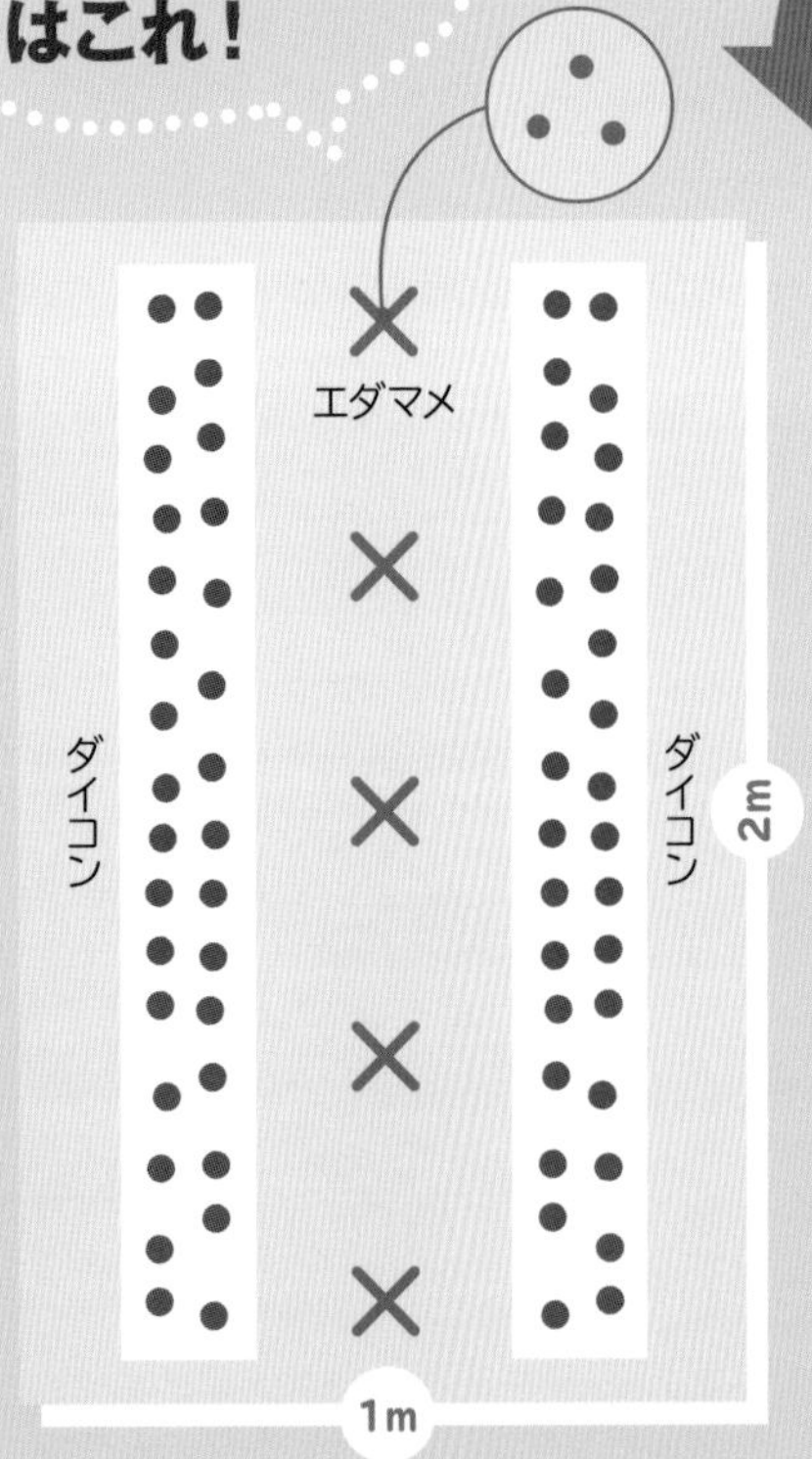

ダイコンは「連作」に向き、同じ場所で毎年続けて栽培するほど、育ちがよくなる。そこで来春になったら、ぜひ同じ場所にダイコンをまこう。中央には混植相手にぴったりのエダマメをまくといい。

ほかにもある!

ダイコンと野菜の相性

サトイモ	混植○	サトイモの土寄せが終わったら、両側にダイコンのタネをまく。暑さに弱いダイコンがサトイモの葉陰でよく育つ。
サニーレタス	混植○	キク科のサニーレタスの香りが、ダイコンの葉を食べる虫を遠ざける。
ニンジン	混植○ 後作×	セリ科のニンジンの香りが、ダイコンの葉を食べる虫を遠ざける。ただし、ダイコンのあとは痩せすぎていて×。
カブ	後作○	ダイコンを育てた跡地は、根こぶ病が減っている。そのため、カブが根こぶ病になりづらい。
スイカ キュウリ	前後作 ×	ダイコン跡地は痩せ地なので、育ちにくい。スイカ・キュウリの跡地は、又根のダイコンになるなどうまく育たない。

秋まきダイコン

逃げていく
ダイコン
ハムシ

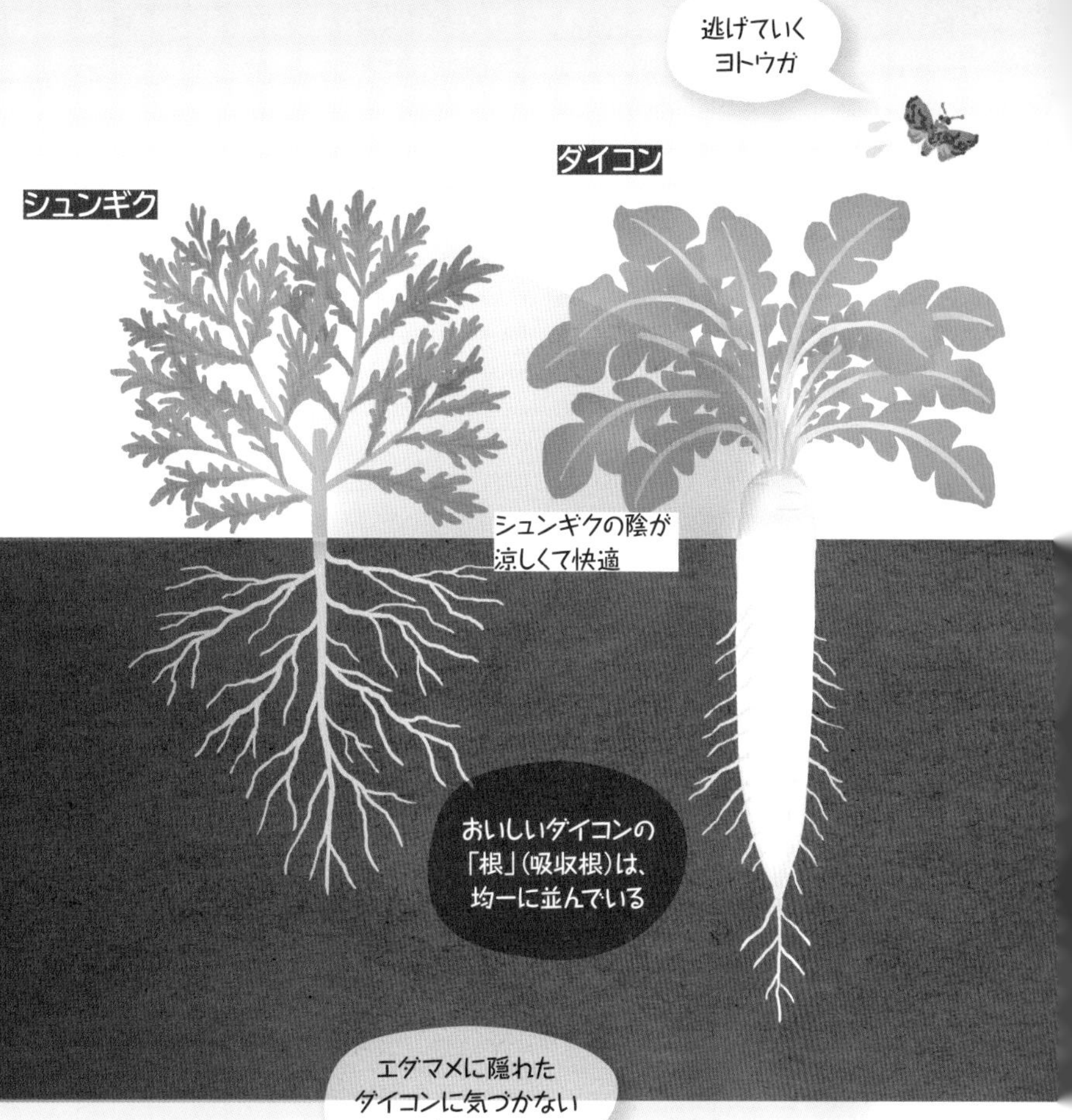

逃げていく
ヨトウガ
ダイコン
シュンギク
シュンギクの陰が
涼しくて快適
おいしいダイコンの
「根」(吸収根)は、
均一に並んでいる

地中では何が起こっているの？

春まきダイコン

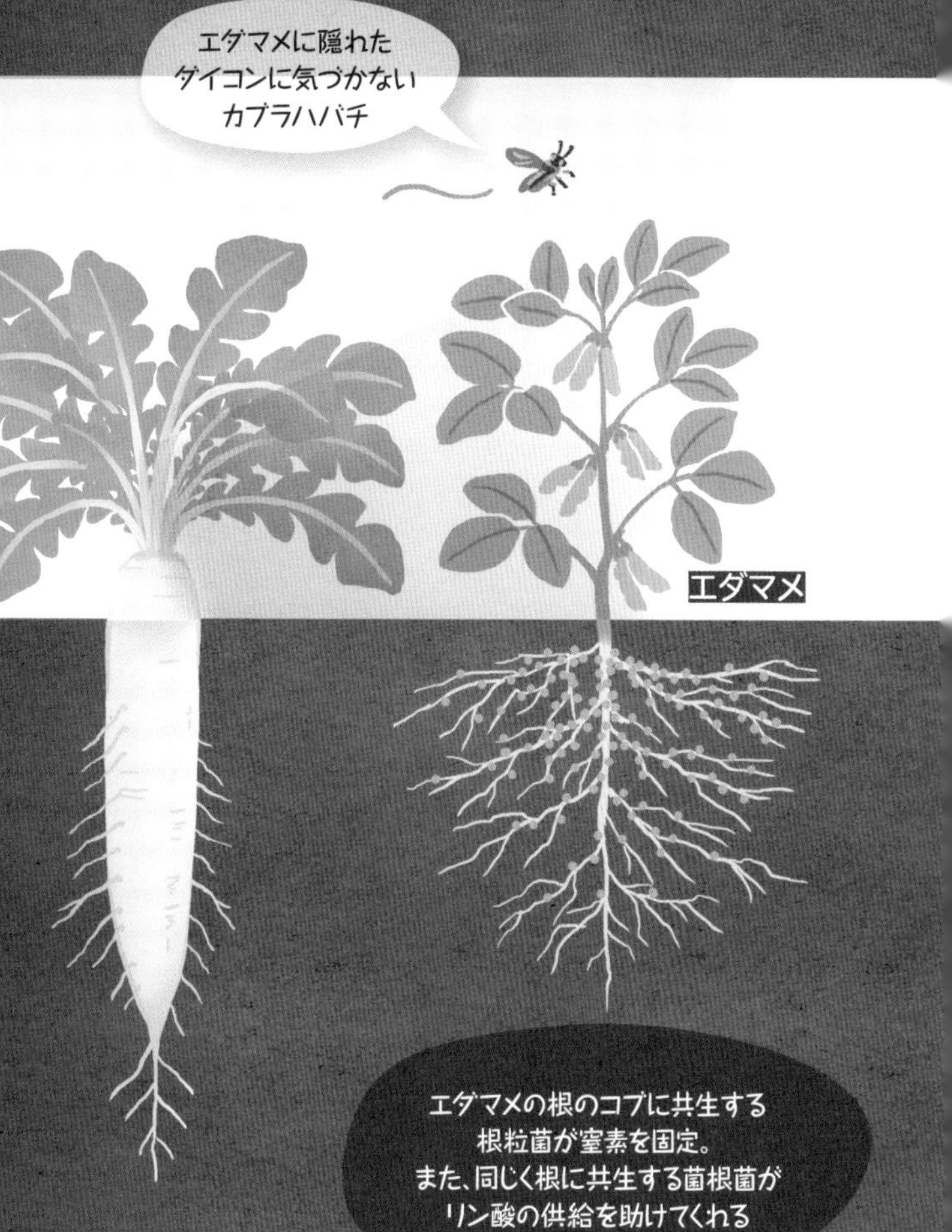

エダマメに隠れた
ダイコンに気づかない
カブラハバチ
ダイコン
エダマメ
エダマメの根のコブに共生する
根粒菌が窒素を固定。
また、同じく根に共生する菌根菌が
リン酸の供給を助けてくれる

ダイコンの隣でシュンギクを育てると、強い香りでダイコンを食害する虫を遠ざけ、厳しい残暑からガードできる。春まきではエダマメを混植すると、エダマメの根に共生する根粒菌が、窒素を固定して土を活性化。すっきりした土を好むダイコンだが、隣にエダマメが育っているとほどよい窒素が供給されてよく育つ。

自然菜園流 おいしいダイコンを育てるコツ

一般的な点まきよりも多めにタネをまいて間引き菜を楽しもう。

春まきは4月中旬～5月中旬

タネまき 9月上旬～中旬

3㎝間隔でまいてしっかり鎮圧

ダイコンのタネまきよりも1～2週間早く、シュンギクまたはカラシナのタネを隣にまいておく。15㎝幅くらいのまきスジをつくり、ダイコンのタネを3㎝間隔でまいて覆土後、しっかり鎮圧。鎮圧が弱いと土がフワフワで、カイワレダイコンのような細くて弱い芽になるので注意。

春まきは5月中旬～6月上旬

間引き 9月中旬-10月上旬

間引きが遅れると大きくならない！

発芽したら、生長とともに葉が触れるか触れないかくらいを保ちつつ、間引く。本葉3～4枚のときに根がぱかっと割れてダイコンができ始める。このときに株間を7～8㎝とし、5～6枚で15～17㎝、8～12枚で30～35㎝にする。これよりあとに間引いても、ダイコンは太くならないのでタイミングよく間引こう。間引いた若い葉やミニダイコンもおいしい。

双葉の向きをそろえて間引く

ダイコンの双葉の向きをそろえて間引くと、隣同士がぶつからずよく育つ。

保存について

ダイコンの葉の付け根のかたい部分を切って上下逆にし、穴に埋めておくと春まで保存できる。埋めた場所をネズミよけのためにもみ殻くん炭で覆い、その上に5～10㎝ほど土を盛り上げておくと水がたまらず、土の中の湿度と温度が保たれて長持ちする。

春まきは6月中旬～下旬

収穫 11中旬-12上旬月

採り時期を逃さないようにしよう

ダイコンの葉が垂れたら、完成の合図。まだ小さいと思っても、葉が垂れたらこれ以上大きくならない。収穫が早いと保存に向かず、収穫が遅れると「ス」（空洞）ができてスカスカのダイコンになってしまうので、適期に収穫しよう。

栽培スケジュール

● タネまき　▬ 収穫

	1月	2月	3月	4月	5月	6月	7月	8月	9月	10月	11月	12月
ダイコン				●	●	▬			●●		▬	▬
シュンギク			●	●	▬	▬		●	●	▬	▬	
カラシナ			●	●	▬	▬		●	●	▬	▬	

ベストプラン

16 ソラマメ

自己矛盾を抱えたソラマメ。キャベツと一緒なら元気に育つ

肥料は欲しい。
いや、欲しくない。
いやいや、
やっぱり欲しい……。
（繰り返し）

自己矛盾に悩む哲学的なマメ

品種改良で実が大きくなりすぎたため、肥料を与えないと育たず、肥料を与えるとアブラムシの餌食に。また、肥料を与えるとマメ科の根に共生して生長促進する根粒菌、菌根菌がうまく働かないという自己矛盾に悩む。

同級生

タマネギ

刺激臭でアブラムシを忌避

ソラマメはニラやネギ類と相性が悪いが、タマネギだけは例外。根が真下に伸びるため、ソラマメと無理なく同居できる。ソラマメの両サイドに植えると、刺激臭でアブラムシよけに。

険悪ムード

メロン

アブラムシが病気を運ぶ

モザイクウイルス病に非常に弱い、ウリ科。ソラマメにつくアブラムシが、モザイクウイルス病の病原菌を媒介するため、ソラマメの近くで育てると病気になりがち。

ソラマメと仲良し♪

結球トリオ

ハクサイ

親友

スピード勝負の甘えん坊

調子がいいと1日1枚ずつ葉をどんどん出す、野菜界きってのスピードランナー。大食漢でちょっと手のかかる甘えん坊。ソラマメと一緒だとアブラムシを食べる益虫も集まる。

親友

玉レタス

メソメソ系の甘えん坊

肥えた土が好きな甘えん坊。少々荒れ地でもワイルドに育つサニーレタスと違い、単独だとアブラムシにやられやすい。ソラマメと混植すると、アブラムシを食べる益虫も集まってくる。

養分の分かち合いとバンカープランツでうまくいく

マメ科の中でもっとも品種改良が進み、実の大きさもナンバーワンのソラマメ。原産地は地中海地域とされ、もともとはインゲン程度のサイズだったといわれます。ところが、ソラマメは実のサイズが大きくなったことで、マメ科であるがゆえの「自己矛盾」を抱えることになりました。そもそもマメ科植物は、根に共生する根粒菌や菌根菌から窒素やリン酸を供給してもらい、痩せ地でも生長する仕組みを持っています。しかし、ソラマメは大きくなりすぎたために、肥沃な土壌でなければ育たず、かといって肥料を与えると根粒菌、菌根菌がうまく働かないため、マメ科本来の生長の仕組みを活かせない……という、とても難しい野菜になってしまったのです。さらに肥えすぎている場所では養分が集中する先端（生長点）にアブラムシがびっしり集まり、そのままにしておくとやがて弱ってしまいます。

そんなソラマメの親友が、養分をぐいぐい吸う大食漢のキャベツです。これらを隣同士で育てると、ソラマメの根に共生する菌根菌、根粒菌が土を活性化するため、キャベツに施す肥料の量は通常よりも少なめで済みます。ポイントはソラマメには肥料を与えずに育てること。隣のキャベツの余った養分を吸えるので、養分を吸いすぎることなく、アブラムシの被害を最小限にとどめることができます。また、バンカープランツ（天敵温存植物）となるコムギや結球野菜を隣に植えると、これらに寄ってくるアブラムシを狙って天敵のヒラタアブやテントウムシも集まり、アブラムシ被害を抑えます。

気難しいソラマメが
キャベツとなら
素直に育ちます

イチゴ

野菜界のプリンセス

湿潤でありながら水はけがよく、弱酸性で肥沃なところが好き、というお嬢様。ソラマメとの相性がよく、お互いに生長促進する。四季なりイチゴは、春と秋の2回、収穫できる品種。

コムギ

アブラムシをブロック

マメ科と相性のよいイネ科。深く根を張って耕し、養分を吸う土の「そうじ屋さん」。畝や通路の風上に1列まくと、風に乗ってやってくるアブラムシをブロック。敷きワラにもなる。

キャベツ

ソラマメの親友

養分をムシャムシャ食べる腹ペコくん。ソラマメの近くに混植すると、ソラマメに栄養が行きすぎず、アブラムシの被害が拡大するのを防いでくれる。

これがソラマメの植え合わせベストプラン

解　説

ソラマメを育てる際にいちばん難しいのが土づくり。痩せ地では育たないが、肥料を与えると病虫害にあいやすい。おすすめは、ナスなどの夏野菜を育てた肥沃な跡地で始めること。ソラマメのタネをまくときに越冬キャベツ（春キャベツ）を定植し、翌春に玉レタスを植える。キャベツは、翌春に定植してもいい。また、翌春の定植ならキャベツの代わりにブロッコリーにしてもＯＫ。キャベツ、玉レタスを混植して肥料を少なめに与え、ソラマメ自身には肥料を与えないことで、ちょうどよい養分のバランスがとれる。

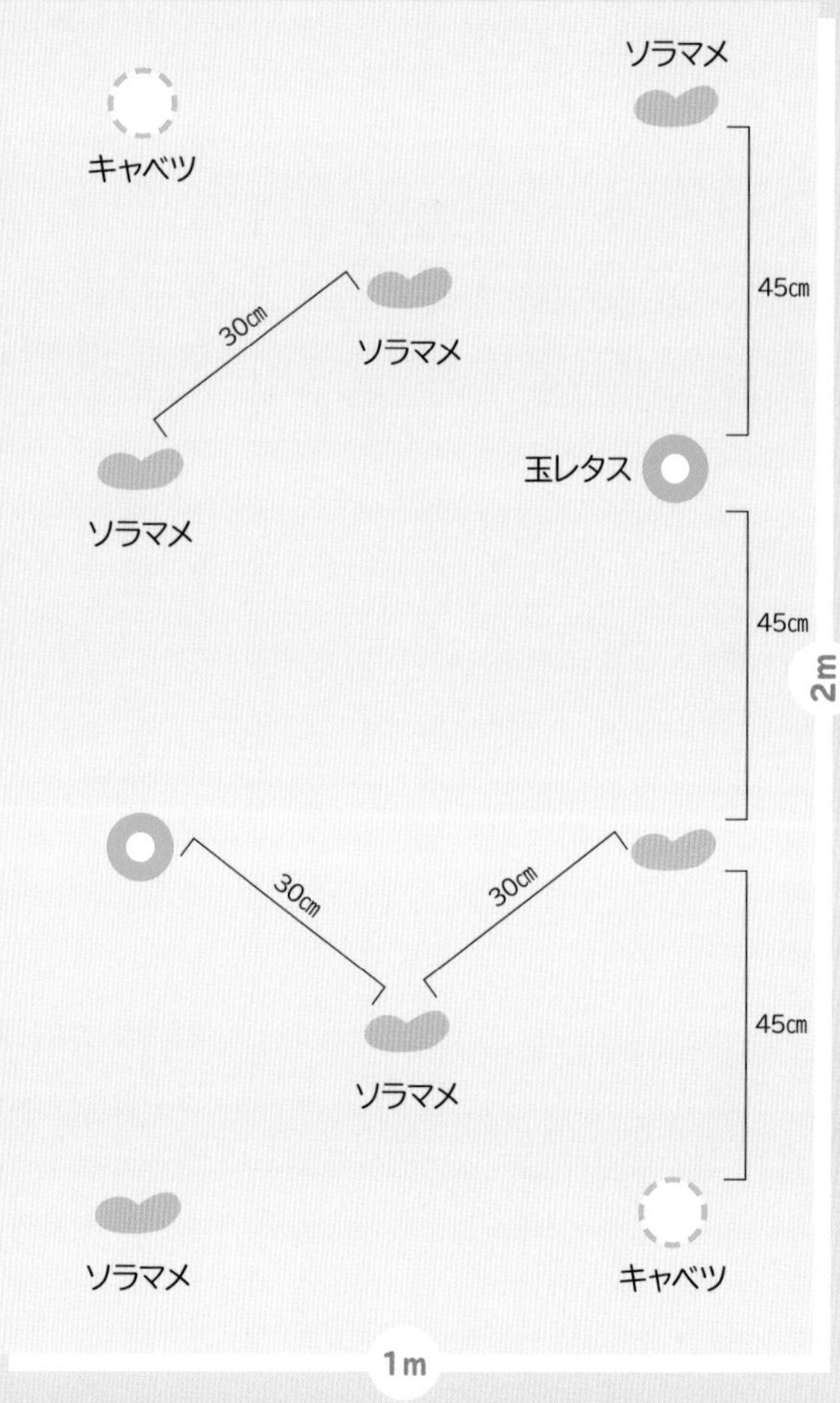

このあとのベストプランはこれ！

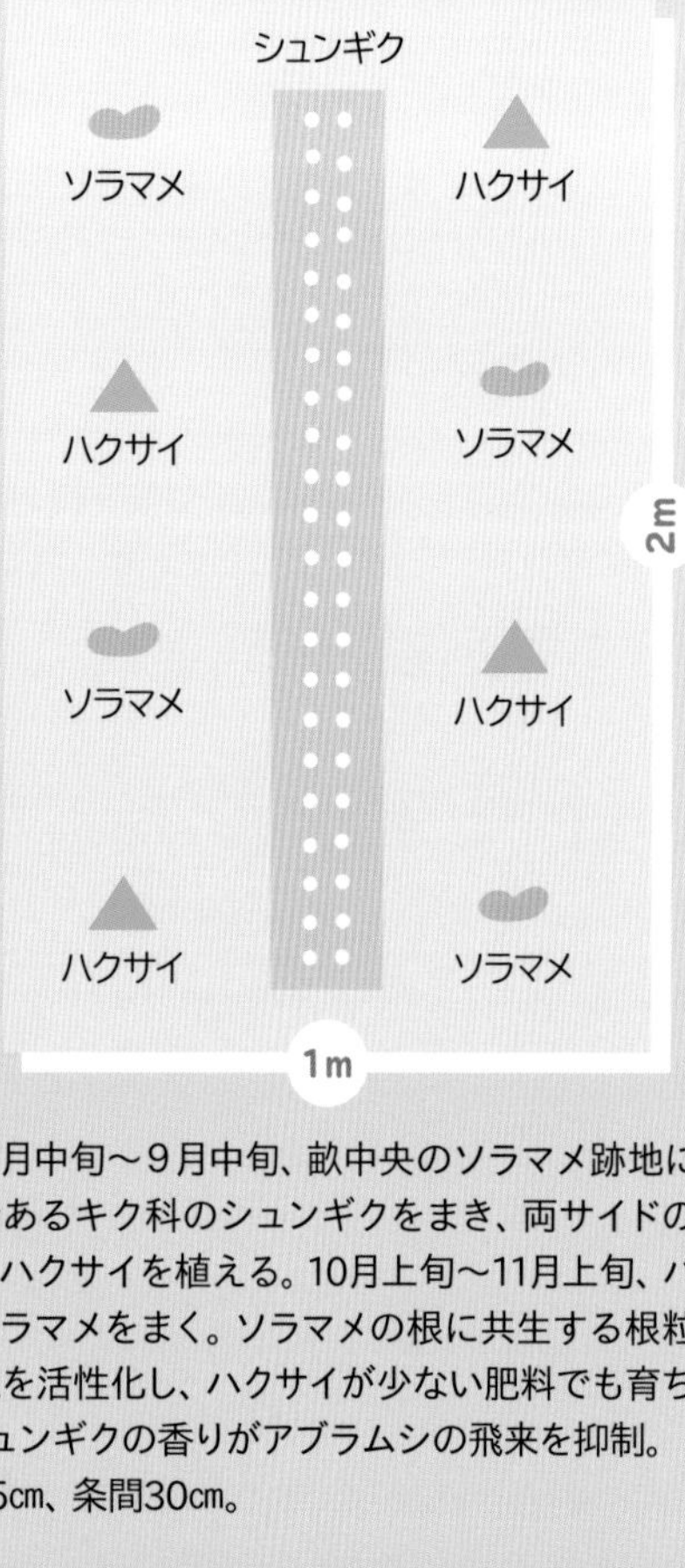

翌年の８月中旬〜９月中旬、畝中央のソラマメ跡地にレタスの仲間であるキク科のシュンギクをまき、両サイドのソラマメ跡地にハクサイを植える。10月上旬〜11月上旬、ハクサイの隣にソラマメをまく。ソラマメの根に共生する根粒菌、菌根菌が土を活性化し、ハクサイが少ない肥料でも育ちやすい。また、シュンギクの香りがアブラムシの飛来を抑制。
※株間45cm、条間30cm。

「デンプンスプレー」がアブラムシに効く！

アブラムシがびっしりついている場合、先端を摘芯して対処する方法もあるが、おすすめは「デンプンスプレー」。片栗粉を水で溶いてから熱湯を注ぐと、トロトロのデンプンのりができる。これをスプレーできる程度に水で薄めて、早朝、アブラムシがいるところに吹きかける。２〜３日そのまま乾かしておくと片栗粉が固まってアブラムシが死ぬ。

注意
アブラムシは
手で絶対につぶさないで。
モザイクウイルス病を
拡大する原因に
なります！

ヒラタアブもテントウムシも、
成虫が食べるアブラムシは1日数匹だが、
幼虫は1日数十匹と
大量に食べるといわれる！

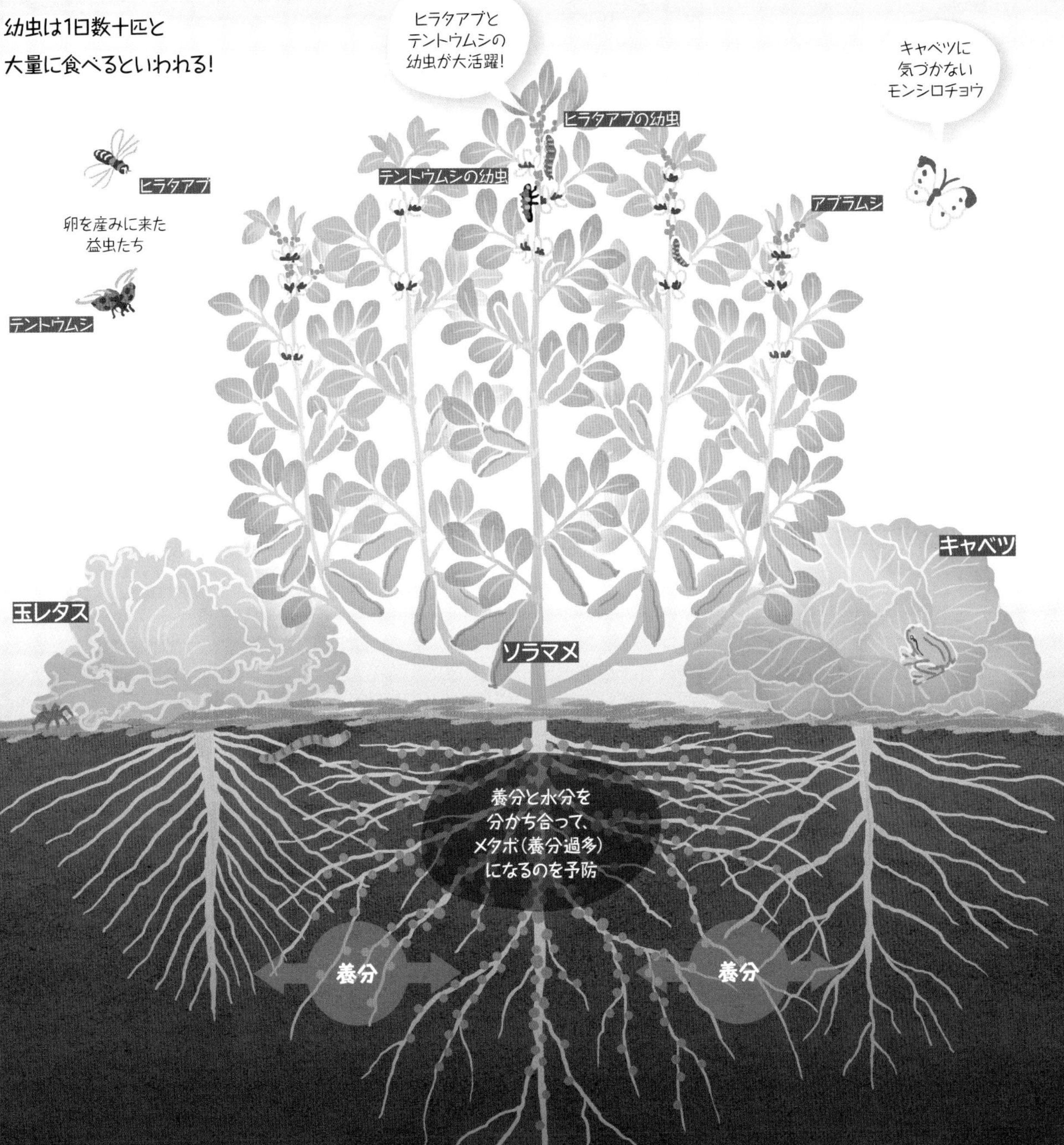

地中では何が起こっているの？

両サイドのキャベツと玉レタスは、どちらも養分が欲しい結球野菜。ソラマメの根に共生する根粒菌と菌根菌が、窒素とリン酸を供給して土を活性化してくれるので、少なめの肥料でもよく育つ。ソラマメは、キャベツと玉レタスの余った肥料でちょうどいい。混植することで養分が分散し、アブラムシが集中しづらくなる。また、水を分かち合えることも重要。マルチによって乾燥を防ぐと、根粒菌、菌根菌が活性化し、泥のはね返りなどによる病気も防げる。

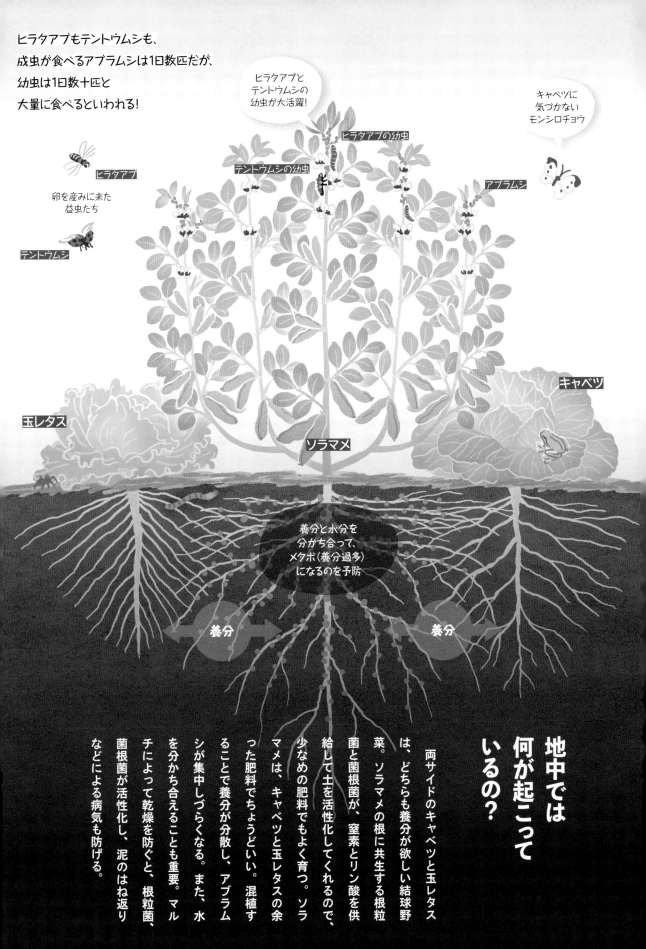

自然菜園流 おいしいソラマメを育てるコツ

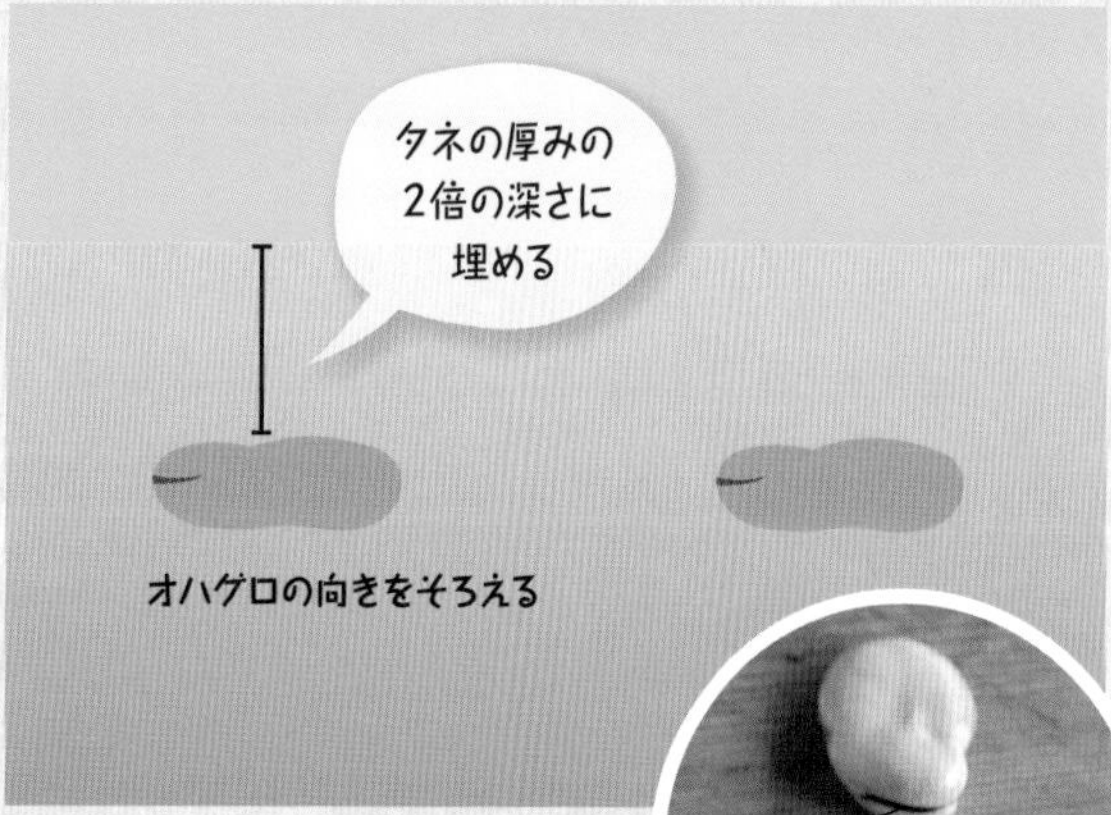
タネの厚みの
2倍の深さに
埋める
オハグロの向きをそろえる

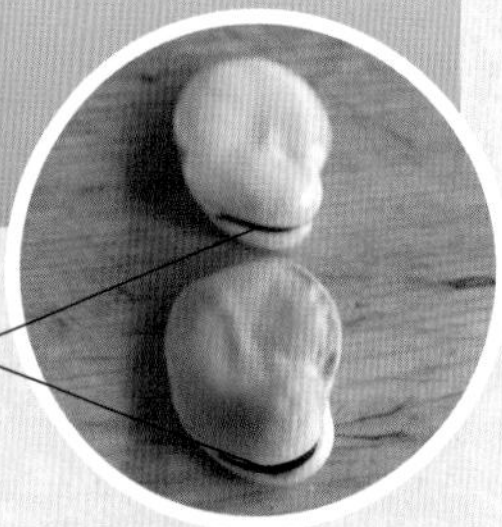
これがオハグロ

タネまき 10-11月上旬

オハグロをそろえて
株間30㎝でまく

畑に直まきする場合は、株間30㎝とし、サヤに入っているようにオハグロ（タネの黒いスジ）の向きをそろえて２つずつ並べてまく。本葉４～６枚での越冬が理想的。それより大きすぎても、小さくても寒さに弱くなる。ナスやサトイモの跡地に、無肥料で耕さずに植えるのがおすすめ。ソラマメのタネまきと同時に、越冬キャベツも定植する。

先端にアブラムシが集中。アブラムシと共生するアリも来ている。こうなったら、デンプンスプレーで対処しよう！

手入れ 3月

春、支柱を立てて、
わき枝も垂直に伸ばす

３月、暖かくなってくると生長を始め、背が急に伸びてくる。風で揺れるくらい高くなったら、必要に応じて垂直に枝が伸びるように支柱を立てる。支柱は１株に複数本立てて、８の字にヒモで縛って枝を固定すると、風で折れず、確実に実つきがよくなる。アブラムシがひどい場合は、デンプンスプレー（108ページ参照）で対処を。近くにテントウムシを見つけたら、ソラマメのところに連れてきてもいい。

キャベツとブロッコリーの隣で育つソラマメ。もう少し伸びたら支柱を立てるといい。

順調に生長して、花をつけ始めたソラマメ。
最初は天を向いていたサヤが次第に傾いてくる。

収穫

6月

空を向いていたサヤが だんだん傾いてくる

最初は時計の１時（上向き）だったソラマメのサヤが、時計の３時以降に傾いたら収穫期。ソラマメは鮮度が落ちやすいので、収穫したら半日以内に調理することがおいしく食べるポイント。暖かくなると、ソラマメのサヤは急に真っ黒になって枯れる。一見、病気のようにも見えるが、これは自然の姿。もしもサヤが黒くなって枯れたら、天日でよく干して次回のタネにできる。

栽培スケジュール

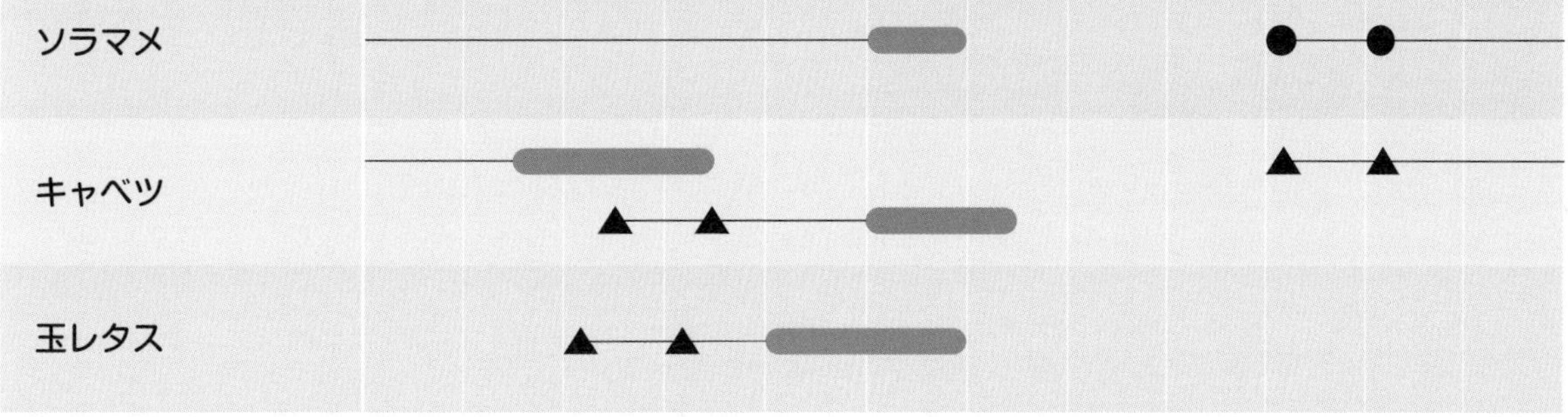

ベストプラン

17 エンドウ

わがままな甘えん坊、エンドウの育ちを助けるムギ

友達

ルッコラ

エンドウの下草となり、乾燥を防ぐ

地中海沿岸出身。ゴマに似た香りとぴりっとした辛味があり、太陽を浴びて育つと辛味が強くなる。水はけよく、比較的肥沃な土が好き。エンドウの株元のほどよい半日陰ですくすく育ち、土の乾燥を防いでくれる。

わがままでゴメンね〜。
あと、私、真上にしか
上れないので
支柱は垂直に立ててね。
お願い♡

マメ科では珍しいわがままな甘えん坊

痩せ地で育つマメ科の仲間たちと違い、肥沃な土壌でしか育たない甘えん坊。酸性に弱く、大雨や多湿が苦手で、水はけのよいところが好き。若いサヤを食べるサヤエンドウ、大きいマメを食べるグリーンピース、マメが大きくなってもサヤがやわらかいスナップエンドウがある。

先輩・後輩

オクラ

枯れたオクラがエンドウの支柱になる

熱帯の北東アフリカ原産。熱帯地方では多年草だが、日本の冬は寒すぎて越せない。直根が深く張り、やや肥えた乾き気味の土が好き。オクラが根を深く張って育った跡地は、エンドウがよく育つ。

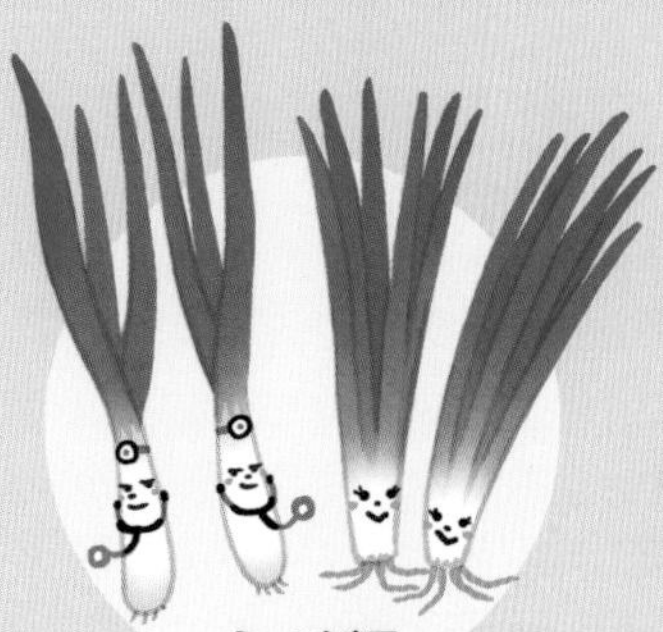

ネギ類

険悪ムード

ほとんどのマメと混植NG

根に共生する微生物の働きで、土壌の消毒効果があるネギ類。「野菜界のドクター」だが、ニラもニンニクも、ほとんどのマメ科との相性が悪い。なかでもエンドウとの混植は最悪。

ムギが余分な養分を吸い、病虫害を防ぐ

マメ科の中でもっとも肥沃な土を好み、もっとも連作を嫌う野菜のひとつ、エンドウ。連作障害が出やすく、一度育てたら、同じ場所で5年間は育てられないともいわれています。

　原産地は中央アジアから中近東のあたり。ナイル川など河川が氾濫するたびにリセットされる肥沃な土壌で育ってきたため、こうした、気難しい性質になったと考えられます。

　通常、マメ科植物は根に共生する根粒菌の働きで窒素が供給され、自ら土壌を活性化するため、痩せ地でも育つ仕組みを持っていますが、エンドウは例外。マメ科でありながら肥沃地でなければ育たず、かといって肥料が多すぎると病虫害が出やすくなります。しかも酸性に弱く、大雨や多湿が苦手で、水はけのよいところが好きという、わがままっ子のようなマメです。かつては焼き畑により、土壌をアルカリ性にリセットして栽培する方法が一般的でした。

　そんなわがままなエンドウとの混植に向く野菜は少なめ。相性がいいのはエンバクやオオムギなどイネ科のムギ類です。ムギが根で耕し、余分な養分をほどよく吸ってエンドウの病虫害を防ぐ一方、エンドウの根に共生する根粒菌の働きでムギの生育がよくなり、お互いに助け合います。ひとつのまき穴に4~5粒ずつ、ムギとエンドウのタネをまく「巣まき」という方法がおすすめ。栽培のポイントは、エンドウもムギも間引きは一切しないことです。ひとつのサヤに入っている兄弟豆たちが競争していっせいに育つ姿を再現します。

エンドウとムギを
4～5粒ずつ、
ひとつのまき穴にまく
「巣まき」がおすすめ

オオムギ

エンドウが絡みついて仲良く育つ

日当たりと水はけがよい畑、乾燥した気候が好き。弱酸性の土から中性までどんな土でも元気に育つ。冬に踏まれると、めきめきとド根性を発揮。ひとつのまき穴にエンドウとオオムギを4粒ずつまいて、間引かずに育てる。エンバクでもいい。

キュウリ

交互に連作ができる姉弟コンビ

ヒマラヤ山麓地帯の出身。冷涼な気候に慣れているので、蒸し暑い日本の夏にはちょっと弱い。水が大好きで、乾燥が苦手。根っこが浅く広範囲に張る。同じ支柱とネットを使い、毎年場所を交互に変えて育てることも可能。

ナス

ナスが育った肥沃な場所がぴったり

熱帯モンスーン気候のインド出身とされ、暑くて風通しがよい環境と肥沃な土が好み。ナスがよく育った肥沃な場所は、エンドウの好みにぴったり。ナスの株元にエンドウをまくと、枯れたナスがあることで霜柱が降りにくく、強風による倒伏も防げる。

これがエンドウの 植え合わせベストプラン

解　説

9月中旬〜10月中旬、エンドウとオオムギ（一般地ではエンバクでも可）のタネを1か所に4粒ずつまき、間引かずに育てる。エンドウがオオムギの細長い葉を「手」としてつかまりながら育ち、冷たい風から守ってくれる。ただし、オオムギはあくまでも支柱にたどり着くまでの仮支柱。エンドウが大きくなって倒れる前に、早めに垂直のしっかりとした本支柱を立てておこう。寒冷地の場合、エンバクは越冬できないのでオオムギで。翌年3月上旬〜下旬、周囲にルッコラをバラまきにする。

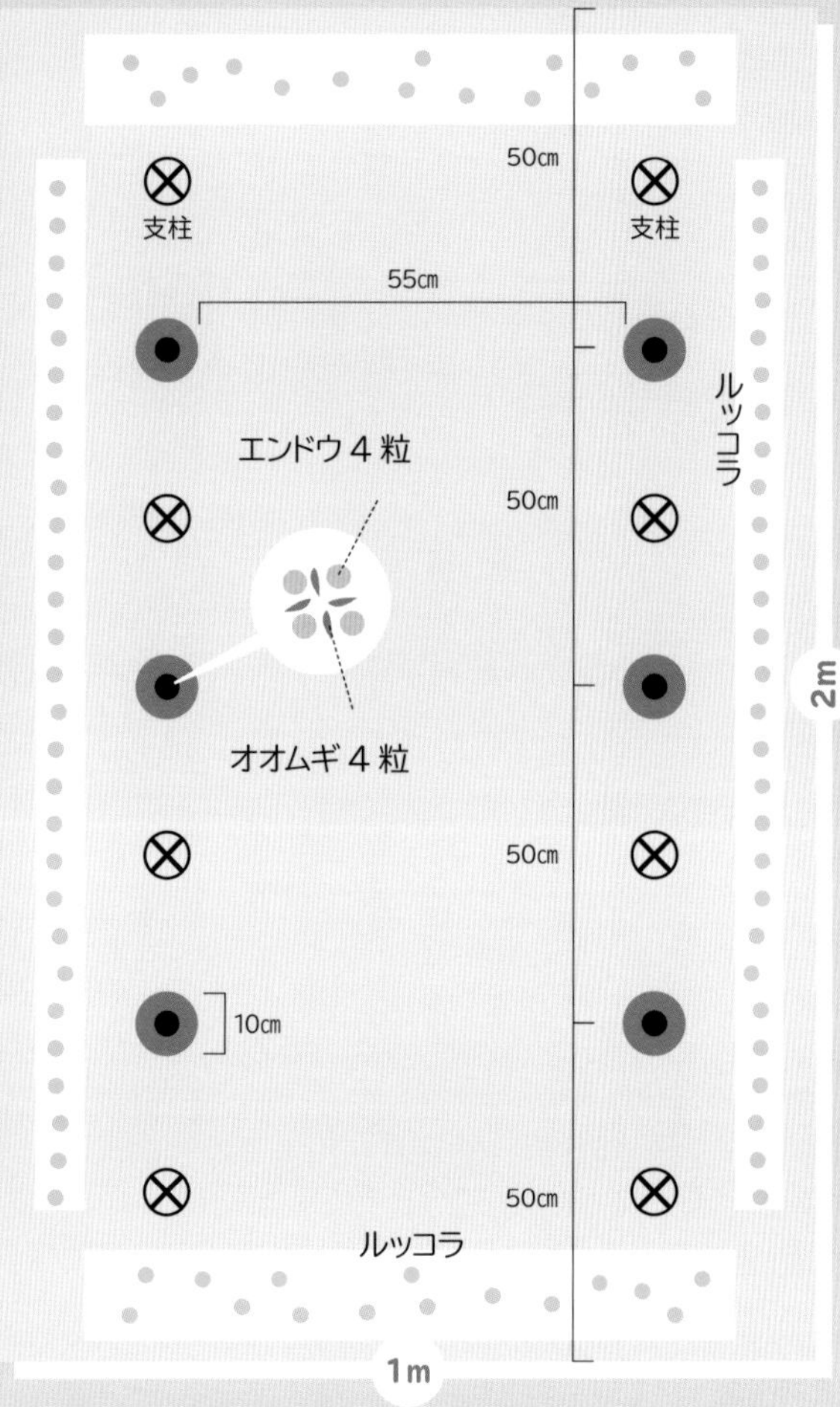

このあとのベストプランはこれ！

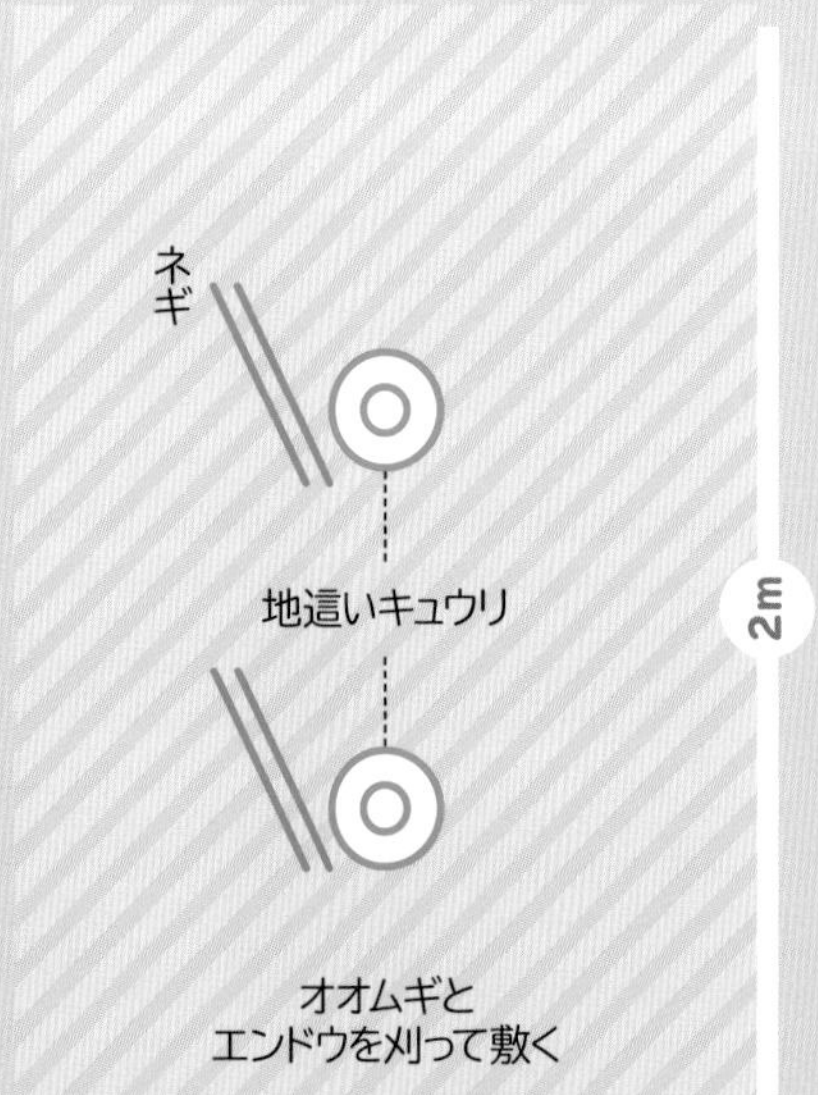

エンドウの支柱をはずし、暑さに強い地這いキュウリを植える。収穫が終わったエンドウとオオムギは、地際から刈って敷き草にしよう。ルッコラとオオムギがこぼれダネで自然に生えてくる。

ほかにもある！エンドウと野菜の相性

ニラ	混植×	ネギ類の中でももっとも相性が悪いのがニラ。エンドウの近くで育てない。
ジャガイモ	前作×	ジャガイモの跡地はエンドウにとって最悪。
ホウレンソウ	混植◎ 後作×	冬はルッコラの代わりにホウレンソウを混植してもいい。ただし、エンドウの跡地はホウレンソウが病気がちになる。
ニンジン	混植◎ 後作△	越冬ニンジンとエンドウの混植はバッチリ。エンドウの隣にニンジンをまくといい。ただしエンドウの跡地は△。
エンドウ	前後作×	どんな種類のエンドウでも連作は要注意。

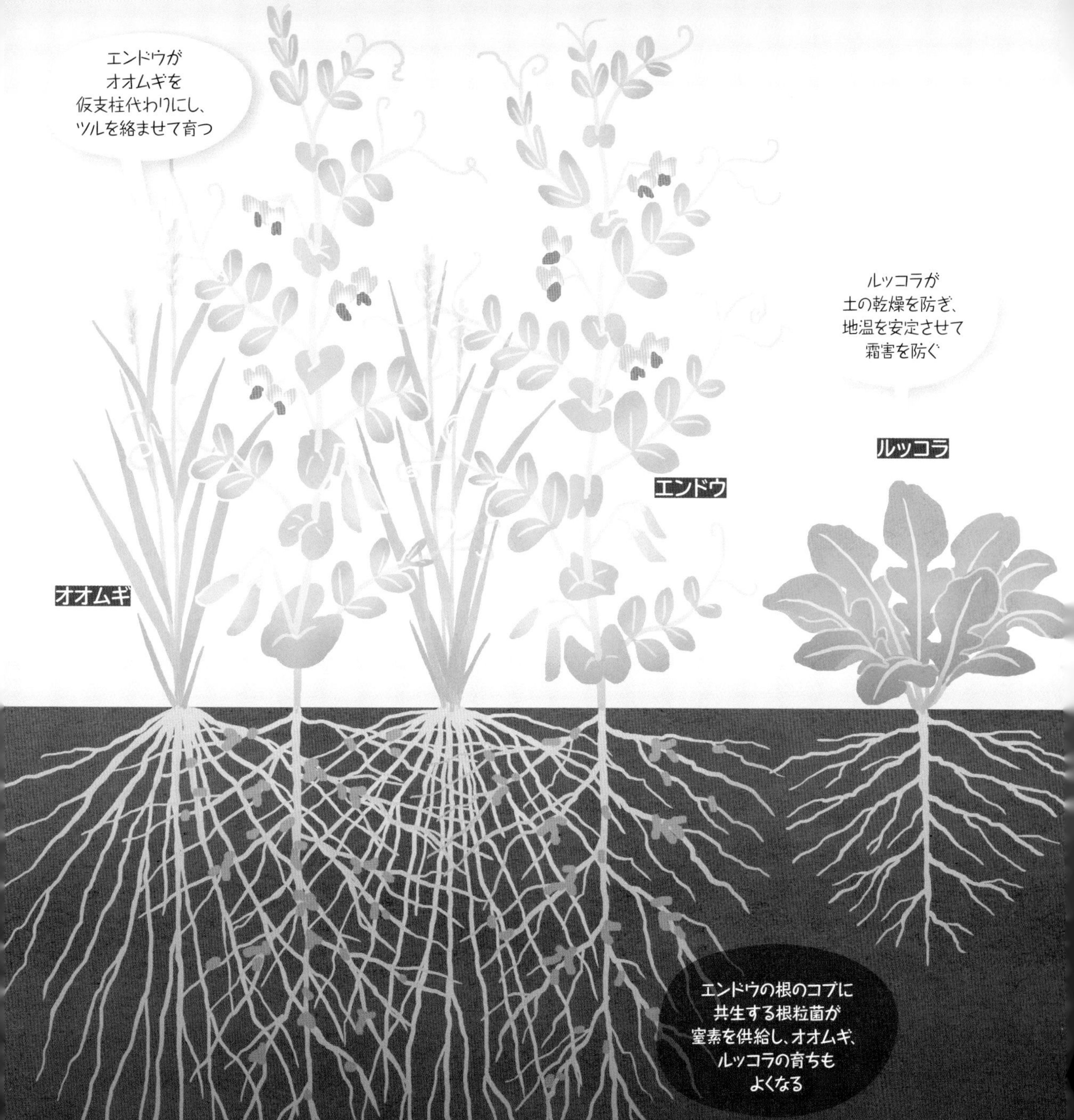

エンドウが
オオムギを
仮支柱代わりにし、
ツルを絡ませて育つ
ルッコラが
土の乾燥を防ぎ、
地温を安定させて
霜害を防ぐ
ルッコラ
エンドウ
オオムギ
エンドウの根のコブに
共生する根粒菌が
窒素を供給し、オオムギ、
ルッコラの育ちも
よくなる

地中では何が起こっているの？

イネ科のオオムギが根を地中にぐんぐん伸ばして耕し、余分な養分を吸って、うどんこ病やアブラムシなどエンドウの病虫害を予防。マメ科のエンドウの根に共生する根粒菌の働きで、オオムギの生育も促進される。また、隣のルッコラも根粒菌の影響を受けて生育がよくなる。また、ルッコラのおかげで土が乾燥しにくく、地温が安定するため、エンドウが晩霜の被害にあいにくい。

自然菜園流

おいしいエンドウを育てるコツ

タネまき　9中旬-10中旬月

エンドウとオオムギのタネを一緒にまく

エンドウのタネは「2粒ずつ」まく方法が主流だが、自然菜園流では株間30㎝、直径10㎝の円にエンドウとオオムギのタネを4～5粒ずつまく。鳥の巣のように見えることから、このタネのまき方を「巣まき」という。エンドウの本葉が3～4枚で越冬できるように、タネまきのタイミングを逃さないのがコツ。全部発芽しても一切間引かず、“押しくらまんじゅう状態”で育てる。

エンドウとオオムギは必ず 1:1で育てよう

オオムギのタネが多すぎると、エンドウが負けて育たない。必ず同じ数のタネを1か所にまこう。

野生のカラスノエンドウが、近くのイネ科植物につかまりながら育つ姿を再現。

生育初期　2中旬-3月

梅の花が咲く頃までに、支柱に誘引する

梅の花が咲く頃、冬を越したエンドウがぐんぐんツルを伸ばし始める。この時期までに垂直の本支柱を立てておこう。麻ヒモなどを支柱に渡して棚をつくっておくと、エンドウがつかまりやすい。大きくなってくると倒れやすいので、ヒモで挟んで倒れないようにすると安心。生育初期のエンドウは巻きヒゲをオオムギに絡ませて上るが、大きくなってくると本支柱がないと倒れてしまう。

オオムギの脱穀&選別

オオムギの穂をビニール手袋で揉んで、穂から実をはずし（＝脱穀)、風のある日に高いところから落とすと、ゴミが飛ばされて重いオオムギの実だけが落ちて選別できる。これを何度か繰り返す。フライパンで炒れば自家製麦茶ができる。茎葉は敷きワラになる。

収穫

5-6月

初期のエンドウは若採りして食べよう

初期のエンドウはあまり大きくせず、大きいマメを食べる品種のグリーンピースでも若採りしてサヤエンドウとして収穫しよう。こうすることで、樹が疲れにくく、夏まで長期間収穫ができる。オオムギは茶色く枯れて、首が折れたら穂を切って収穫。

栽培スケジュール

● タネまき　■ 収穫

	1月	2月	3月	4月	5月	6月	7月	8月	9月	10月	11月	12月
エンドウ					収穫	収穫			●	●		
オオムギ					収穫	収穫			●	●		
ルッコラ			●	●	収穫	収穫						

第3章

プランターでもできる！ 植え合わせベストプラン

畑と違い、プランターの狭い空間では、植物同士の影響力がより強まります。

つまり、これまで見てきた野菜と野菜の関係性をうまく活かせば、より元気に育ちやすくなるということ。

野菜が元気に育つプランターのつくり方（128ページ〜）も、ぜひ参考にしてください。

おすすめは底面給水型

底に水がたまる空間があり、底面から水が土にしみ込むようになっている底面給水型のプランターがおすすめ。水やりの回数が少なくて済み、多少留守にしても大丈夫。地面からのふく射熱からも根が守られる。

このサイズのプランターを使います

トマト

5月上旬、アサガオ用の支柱を立てて、ミニトマトをニラと一緒に中央に「恋人植え」（20ページ参照）にし、バジル、イタリアンパセリ、ラッカセイ、エダマメで囲む。ミニトマトは最初の花が咲いたら、そのすぐ下のわき芽を残し、それよりも下のわき芽は全部摘む。あとは一切芽かきをせずに、放任の無整枝で。養分補給には、株間に固形の発酵油かすを土にさし込む。実がついたら1か月に1回くらいずつ、様子を見ながら固形の発酵油かすを追加すると実つきがよくなる。草マルチの代わりに、バーク堆肥または腐葉土で表面を覆っておくと、乾燥防止に役立ち水やりが少なくて済む。

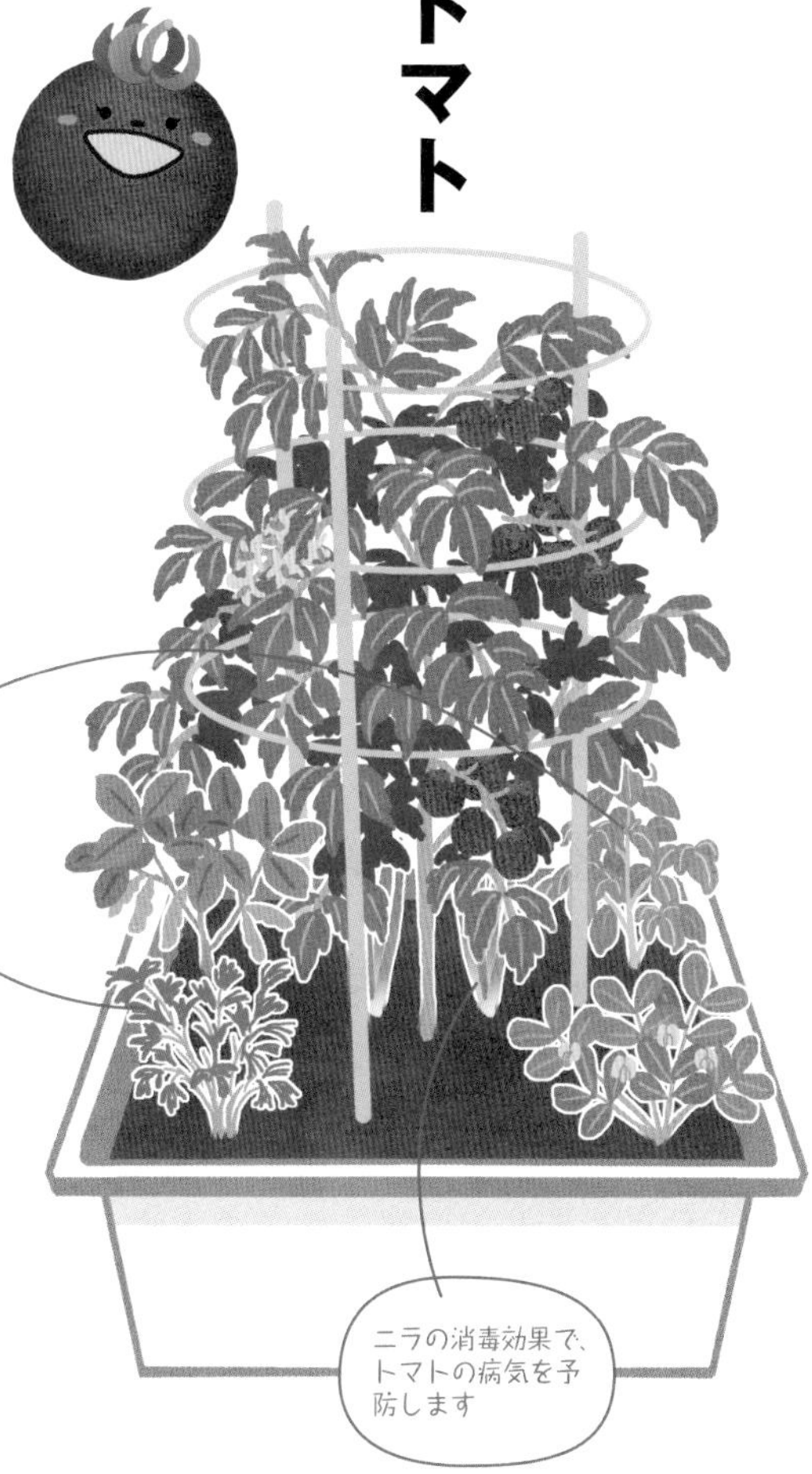
ライバルのイタリアンパセリとバジルがトマトのやる気を引き出す！
ニラの消毒効果で、トマトの病気を予防します

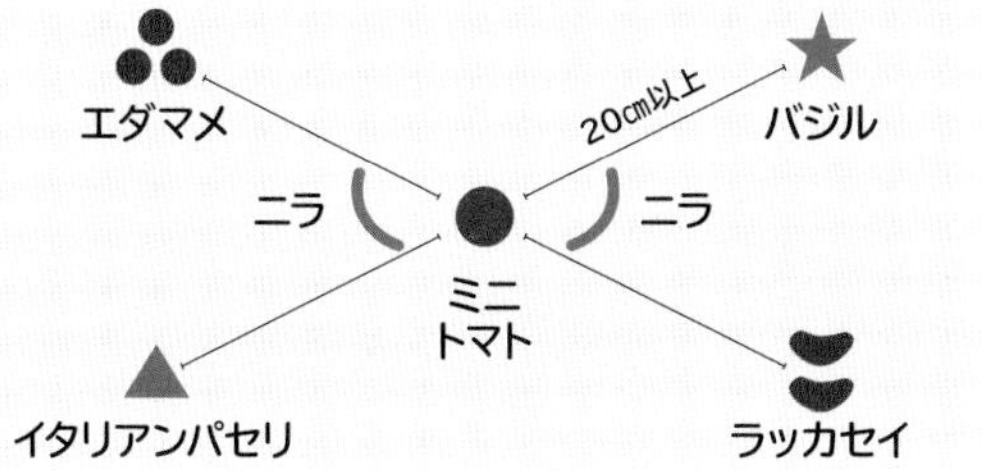
エダマメ
バジル
20cm以上
ニラ
ニラ
ミニ
トマト
イタリアンパセリ
ラッカセイ

実がつき始めたら月1回くらい、様子を見て固形の発酵油かすを追加。

ナス

5月上旬～中旬、プランターの中央にナスと一緒に、チャイブの苗を植える。チャイブは小さいけれど、土壌を消毒し病気を防いでくれるネギ類なので、ナスが健康に育つ手助けをしてくれる。同時にナスタチウムとラッカセイ、バジルとパセリの苗も植える。ナスタチウムが益虫のテントウムシを呼び、バジルが害虫を遠ざける。ナスの支柱はアサガオ用あんどん支柱が便利。ちなみにプランターの場合、本来は深く広く根を張るナスがコンパクトにまとまる。

配置のポイントは、高低差を利用すること。ナスの両サイドにグランドカバーとなって乾燥を防ぐナスタチウムとラッカセイを植え、その前に背が高いバジルとパセリを植えて強い日差しをやわらげる。ナスタチウムのオレンジ色と黄色い花はピリッと辛いサラダになる。

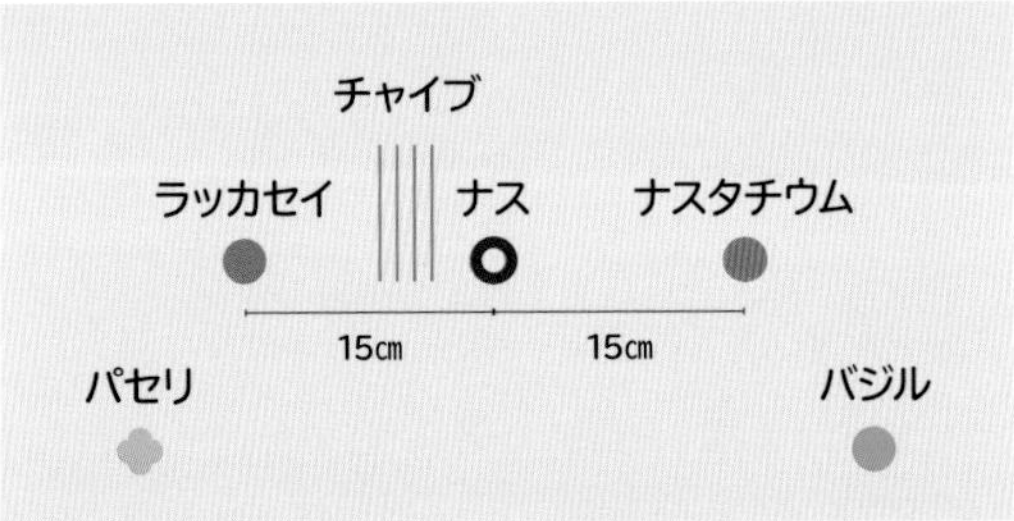

トウガラシ

5月上旬から中旬、プランターの中央に支柱を挿してトウガラシの苗を植える。ニラはハクサイから10cm離して3～5本を1束にして植える。畑での「恋人植え」よりもニラがたくさん収穫でき、ニラの根に共生する微生物の働きでトウガラシの病気を予防してくれる。

９月、ミニハクサイの苗をトウガラシから20cm離してプランターの左右に植える。トウガラシが半日陰をつくってくれるため、ハクサイの暑さ対策にもなり、完熟した赤い実がハクサイを食害する虫よけ効果も発揮。収穫したミニハクサイとトウガラシで漬物、ニラをプラスして自家製キムチにチャレンジするのもおすすめ。

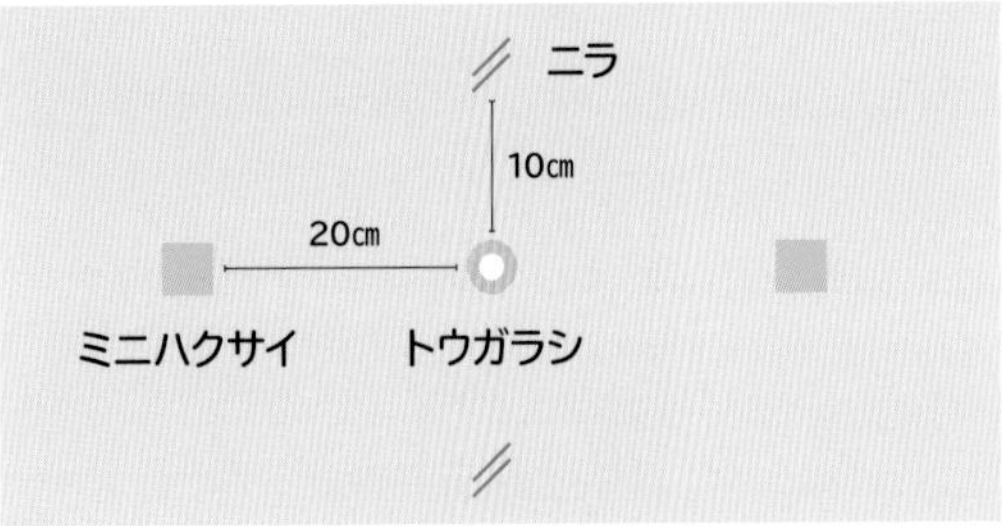

キュウリ

6月中にハツカダイコンのタネをプランターの両サイドにまいておく。さらに6月中旬～7月中旬、ツルありインゲンのタネを1か所あたり3粒ずつまき、2本に間引いて育てる。ツルありインゲンを先にまいておくことで、キュウリのツルが上る際の足がかりになる。ちなみにツルありインゲンは畑では害虫のセンチュウを呼ぶため、キュウリにとって要注意の混植相手だが、プランターではセンチュウ被害がないので親友になれる。

7月、チャイブを2～3本植え、その上にキュウリのタネを3粒ずつ、向きをそろえてまく。発芽後から本葉3～4枚の頃までに間引いて1本にする。最初の花が咲いてから、5節まで子ヅルと花を全部落とし、巻きヒゲは残そう。

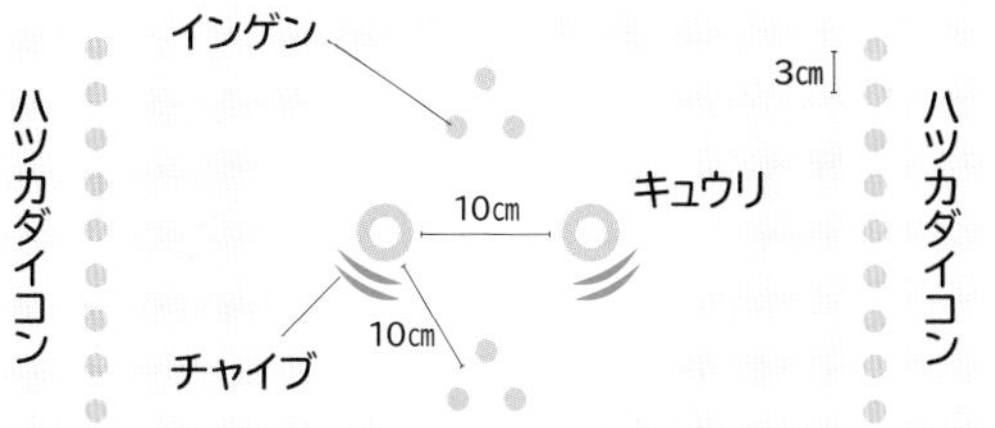

スイカ

コンパクトなミニスイカ（小玉スイカ）がおすすめ。5月上旬、ミニスイカの苗を葉ネギの仲間のチャイブと一緒に植え、アサガオ用のあんどん支柱を立ててラップで囲んでおく。生育初期は風と寒さに弱いので、ラップで囲むことで風を防ぐとともに害虫のウリハムシから守る。スイカの植えつけと同時にエダマメも3粒ずつまいて、発芽後に間引いて2本にする。

植えつけの2週間後にラップをはずし、ツルをあんどん支柱に誘引していく。花が咲いたら朝、8時頃までに人工授粉を。花の付け根に膨らみがあるものが雌花なので、雄花を採って花粉をこすりつける。スイカのプランターが2つ以上あり、ミツバチなどの虫が花につられてやってくる場所なら自然に着果しやすい。

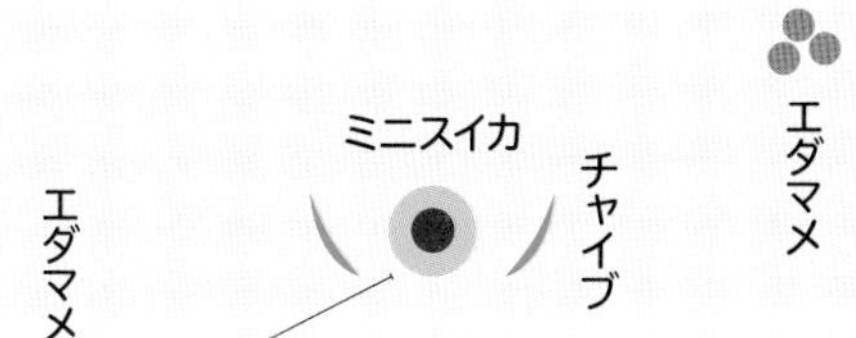

トウモロコシ

プランターの場合、トウモロコシは株間25㎝でも育つ密植可能な品種がおすすめ。６本のトウモロコシをツルありインゲンと一緒に育てる。まず６月上旬までにトウモロコシをまき、トウモロコシの草丈が40㎝になってからツルありインゲンをまく。ツルありインゲンは隣のトウモロコシに絡まりながら育つ。

毎日の水やりの代わりに、週１回、薄めの米のとぎ汁をまいてあげると養分補給になる。トウモロコシの実が膨らみ始めたら一個一個にタマネギネットなどを掛けておくと、カラスなどの食害を防げる。また、トウモロコシが育ってくると強風で不安定になるので、支柱を立て、プランターごと倒れないように重しをつけるなど工夫しよう。

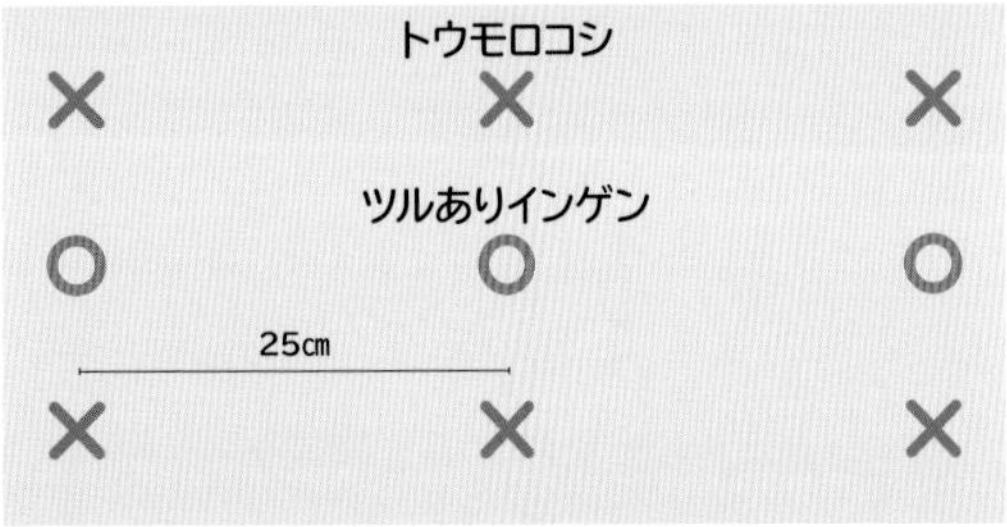

レタス

3月上旬～４月上旬、寒さに強いサニーレタスの苗を最初に植える。サニーレタスは赤葉がおすすめ。最初に虫が嫌いな赤葉のレタスを植えると、あとから植える茎ブロッコリーを虫から守れる。

１～２週間後、少し暖かくなってから茎ブロッコリーと半結球レタスを同時に植える。暑さに強い半結球レタスと霜に弱いブロッコリーを隣同士で一緒に植えると、地温が安定してお互いに助け合い、活着がよい。風当たりが強い場所や、ムクドリなど鳥被害が心配な場合は、弾性ポールなどでトンネルを立てて寒冷紗で覆っておくと、被害を防止できる。サニーレタスは外葉を２～３枚ずつ収穫していくと、やわらかい新しい葉がどんどん出てきて長く収穫が楽しめる。半結球レタスも外葉から楽しみ、最終的には株ごと切って収穫しよう。

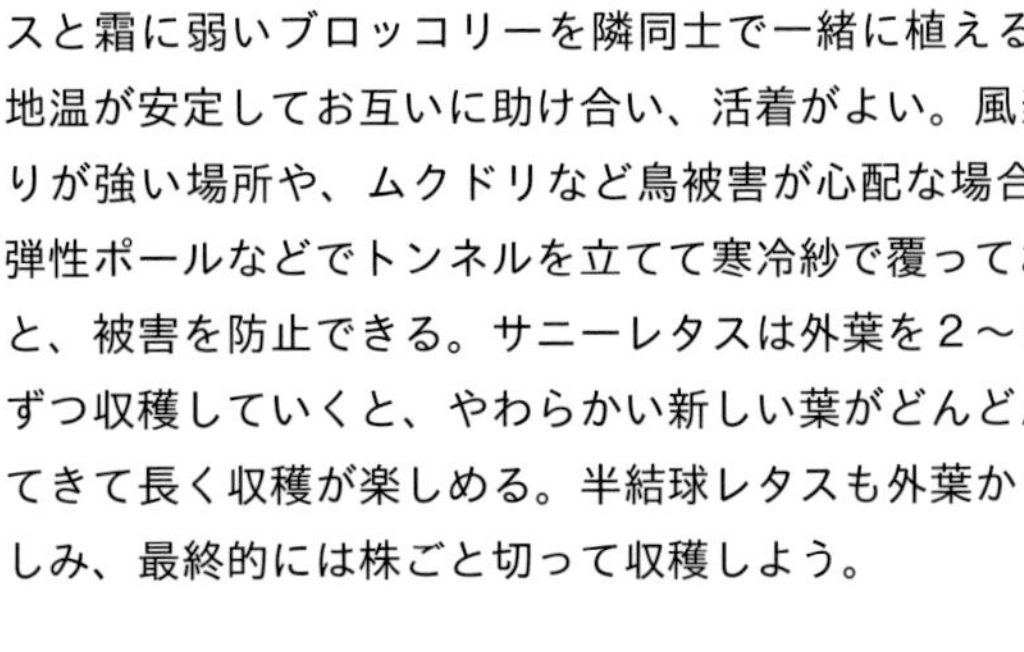

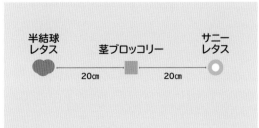

ハクサイ

9月上旬、まずシュンギクとエンバクをプランターの両サイドにまき、9月中旬になってから真ん中の列にハクサイのタネをまきます。ポイントは、ハクサイのタネの上から、その10％のカラシナのタネを重ねてまくこと。キク科のシュンギクとともに、カラシナのピリッとした辛味成分も虫よけ効果を発揮します。また、エンバクは夏の強い日差しを遮り、虫からハクサイを守るバンカープランツ（おとり作物）や風よけとなります。涼しくなってきたらエンバクを刈って敷き、太陽が当たるようにします。ちなみにベランダや屋上では、暑い時期だけヨシズをかけたり、断熱材を敷くと安心です。

エンバクは再度生えてこないよう地際の生長点以下をしっかり刈って敷こう
間引いた若い葉はサラダなどに。ミニハクサイなら最終株間は30㎝で２個結球、普通のハクサイなら１個を結球させる

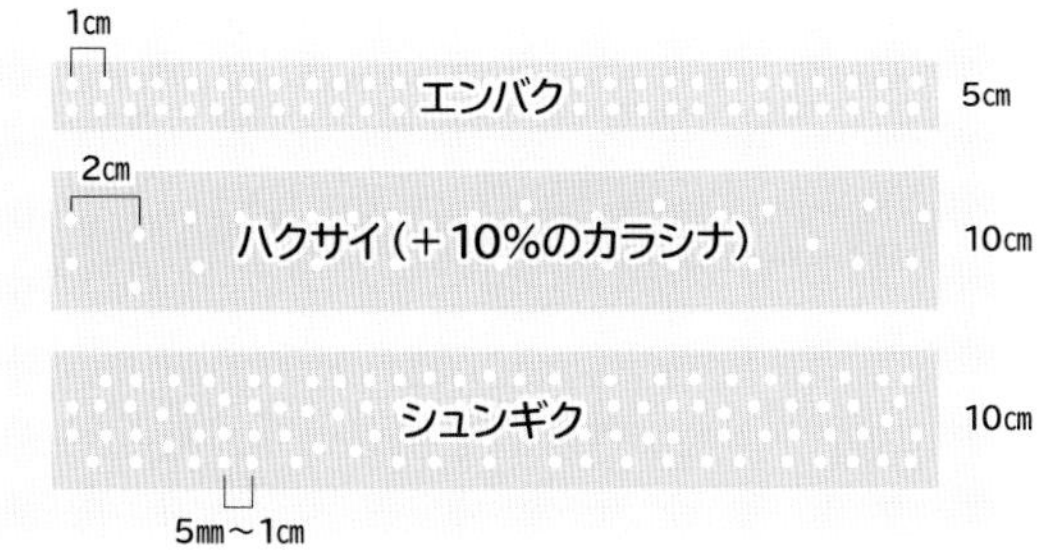

1㎝
エンバク
5㎝
2㎝
ハクサイ（＋10％のカラシナ）
10㎝
シュンギク
10㎝
5㎜〜1㎝

キャベツ

相性バッチリのリーフレタスとキャベツの植え合わせ。キク科のリーフレタスの成分がキャベツを狙う虫を遠ざける。とくに赤葉のリーフレタスが虫よけ効果が高い。リーフレタスと相性がよいハツカダイコンも一緒に育てるのがおすすめ。

３月下旬〜４月中旬、または９月中旬〜10月初め、キャベツを植えつける10〜15日前に、リーフレタスの苗を植えておく。同時にハツカダイコンのタネを３㎝間隔でまく。キャベツの苗は、斜め45度に双葉が土中に隠れるように植えつけると、土に埋まった部分からも根が出て、その後の生長がよくなる。

プランターに弾性ポールを挿し、寒冷紗で覆っておくと鳥害を防げる。キャベツが結球し、かたくなったら収穫しよう。

プランターの場合はミニキャベツがおすすめ。

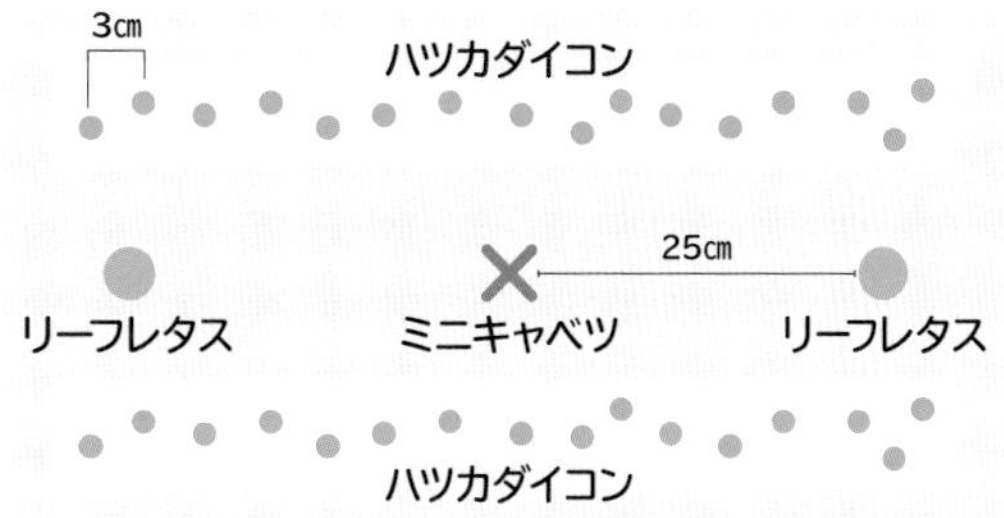

3㎝
ハツカダイコン
25㎝
リーフレタス
ミニキャベツ
リーフレタス
ハツカダイコン

菜っ葉類

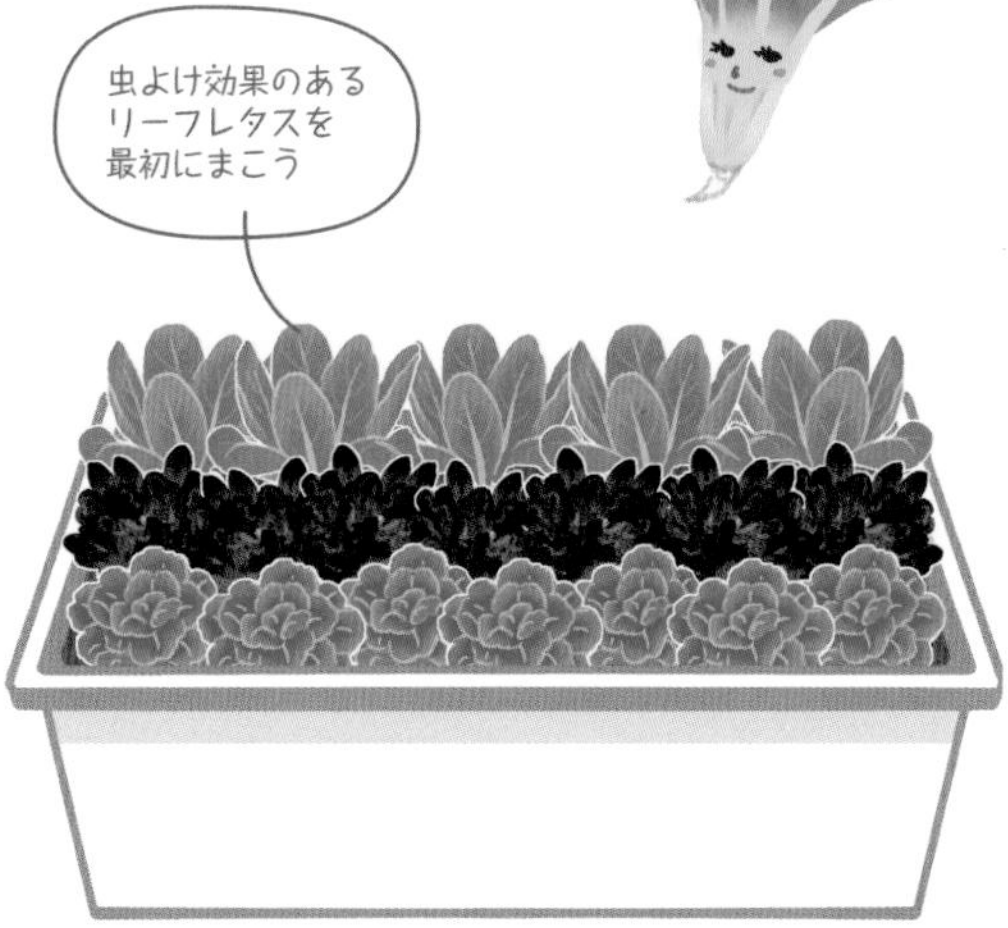

3月〜4月初め、最初にリーフレタスを5㎜間隔でスジまきにする。リーフレタスは虫よけ効果の高い赤いサニーレタスがおすすめ。レタスが発芽してから、コマツナとタアサイのタネを2㎝間隔でスジまきにする。トウ立ちしにくい春まき向きの品種を選ぼう。

タネをまいたら不織布でプランターを覆っておくと、まだ寒い春先でも順調に生育しやすい。不織布はべた掛けでも、弾性ポールなどでトンネルをつくって覆ってもい。不織布が風で飛ばないよう、洗濯バサミやヒモでしっかり固定しておくと安心。コマツナとタアサイは隣の葉が触れ合ったら大きいものから間引き収穫をしていく。リーフレタスは間引き菜をベビーリーフとして少しずつ収穫し、コマツナとタアサイが大きくなる前に食べてしまうといい。

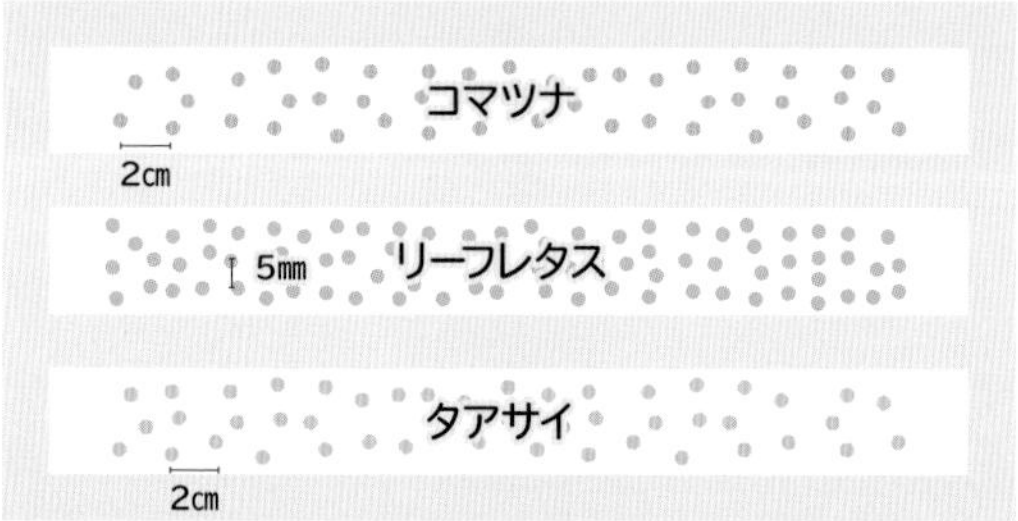

ホウレンソウ

ホウレンソウと同じく比較的肥沃な土を好み、混植するとお互いに生長を促進するタマネギ。葉ネギと同じ浅根タイプなので、主根深根型のホウレンソウとケンカにならず、育ちやすい。

9月上旬、中央5か所にタマネギ苗（またはホームタマネギのタネ球）を植え、両サイドにホウレンソウのタネを1㎝間隔でまく。ホウレンソウを順次間引き収穫し、空いたところに固形の発酵油かすを土にさし込んで追肥をすると、タマネギに養分が届いて肥大する。ちなみにホームタマネギは、栽培期間が3か月ほどと短く、初心者でもつくりやすいのでおすすめ。9月上旬頃に植えると、12月に新タマネギが収穫できる。

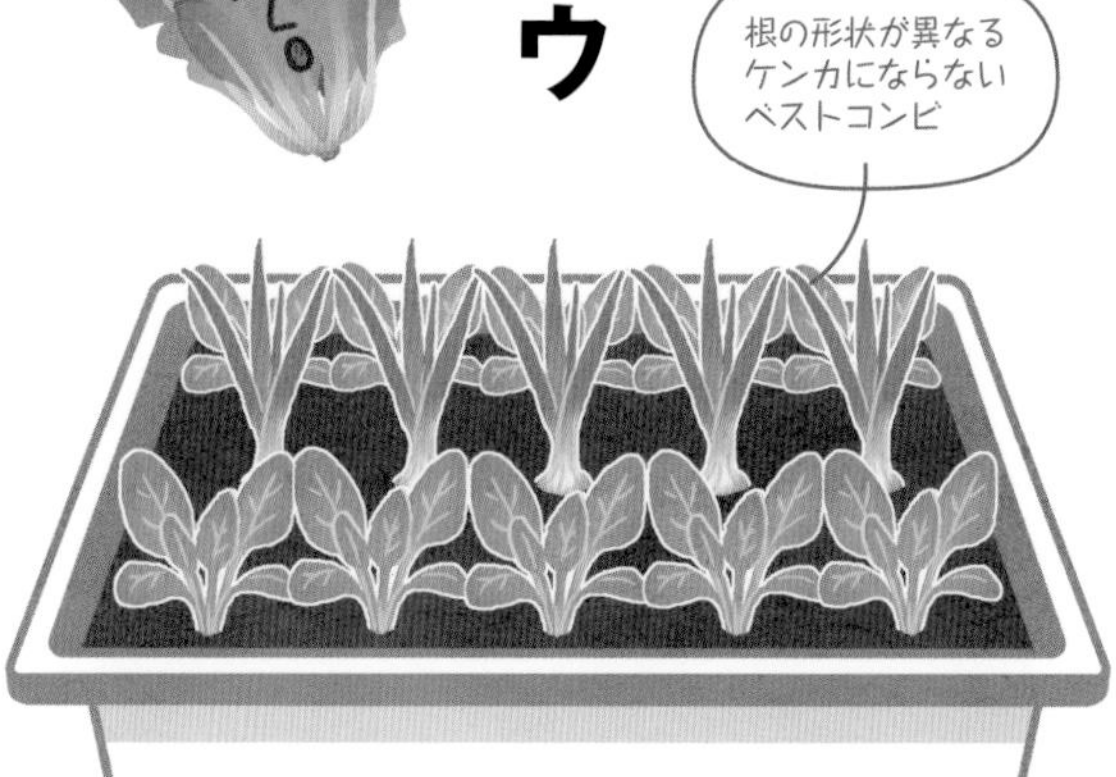

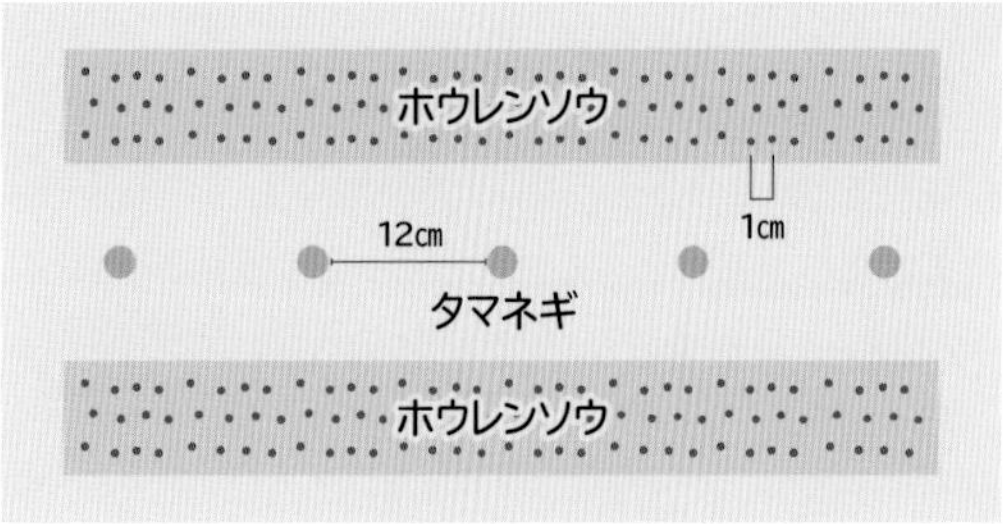

タマネギ

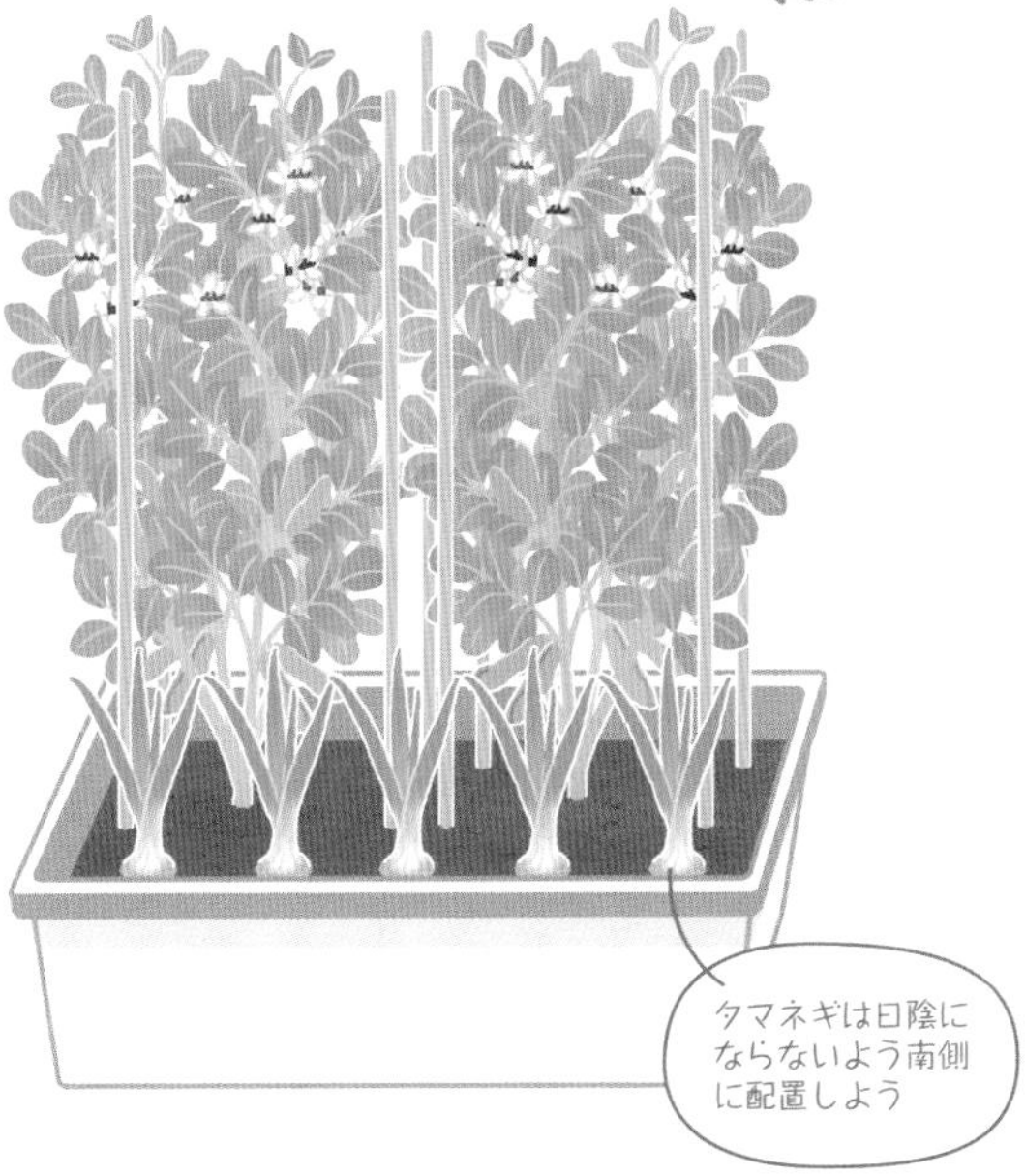

タマネギの生育はリン酸が必要なので、培養土20ℓ当たり100g程度のバットグアノを混ぜておくのがおすすめ。

10月、ソラマメのタネを1か所に2粒ずつまき、タマネギの球根（ホームタマネギ）を半分土に埋まるよう押し込んで12㎝間隔で植える。タマネギが発芽したら土を1～2㎝足し、球根が3分の2程度、埋まるようにする。同時にソラマメの株元にも土寄せをすると生育がよくなる。ソラマメは1か所に2本発芽したら、間引かずにそのまま育てる。ソラマメが本葉5～6枚になったらタマネギとの間の2か所に中粒の発酵油かすを1粒ずつ置く。さらに2月下旬にも同じように追肥。タマネギは本葉3枚の頃、株間に中粒の発酵油かすを1粒ずつ置く。ソラマメの収穫は開花35～40日が目安。

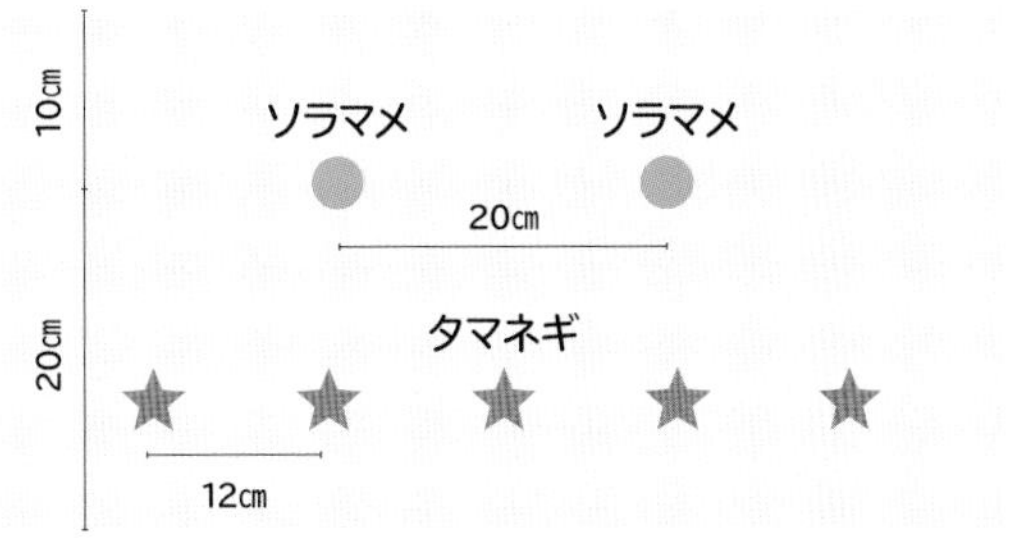

3月、92ページと同じ方法でジャガイモを植える。プランターの場合は土寄せではなく、3回に分けて新しい土を足していくことがポイント。最初は深さ30㎝のプランターの半分まで土を入れて種イモを植え、1回目は芽が出たら葉3枚を地上部に残して土を足す。2回目は4月上旬～中旬にもう一度土を足す。5月上旬、バジルの苗を植えてインゲンのタネをまき、インゲンの本葉が出たらさらに土を足すと、インゲンの不定根に根粒菌が増えて豊作に。ジャガイモとインゲンの収穫後は、バジルのプランターになる。バジルに日光が当たり、ジャガイモが陰に入るようにプランターを置こう。バジルとジャガイモの関係は90ページを参照。

ジャガイモ

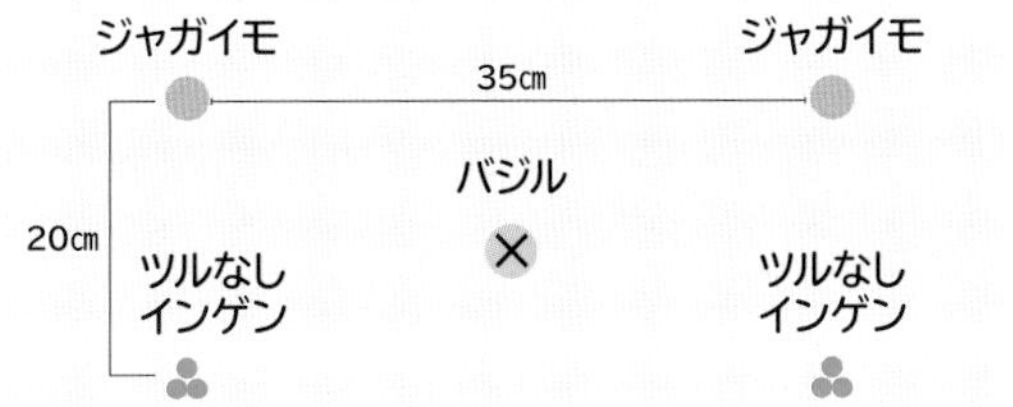

相思相愛のカブ、親友のゴボウ、エダマメをニンジンと一緒に育てるプラン。６月上旬、ミニゴボウ（葉ゴボウでもＯＫ）を３㎝間隔でスジまきにする。ミニニンジンは５㎜間隔でまき、その上に10％のカブのタネを重ねてまく。さらにミニゴボウとミニニンジンの列の間に、65～70日タイプの極早生エダマメを１か所３粒ずつ、３か所にまいて間引いて２本で育てる。ミニゴボウは15㎝間隔、ミニニンジンは10㎝まで順次間引く。

夏、エダマメの開花期はたっぷり水やりをし、ミニニンジンが太り始めたら水やりを控える。カブは葉カブのうちに収穫し、間引きニンジンと一緒にサラダで食べるのがおすすめ。

ニンジン

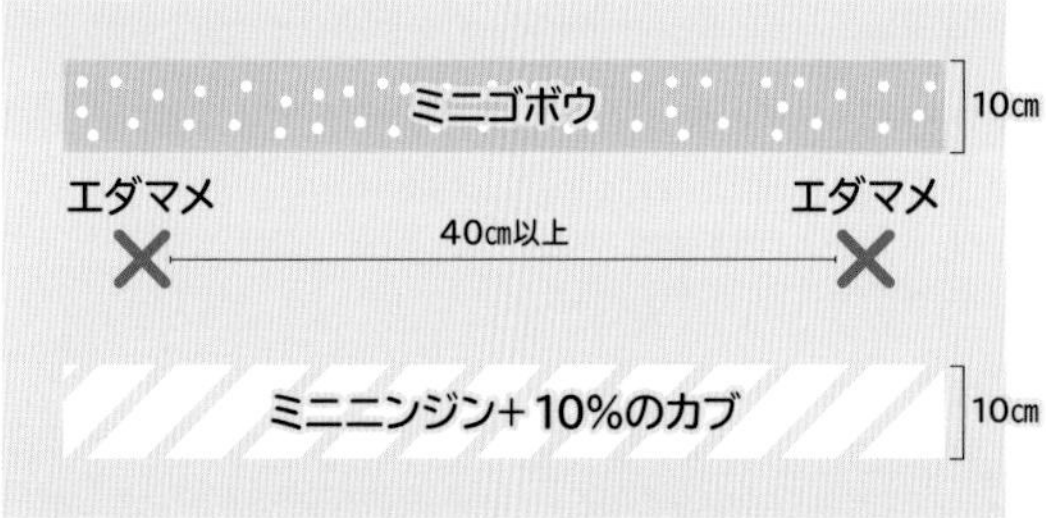

ダイコン

８月中旬～９月、大葉シュンギクのタネをプランターの両サイドに２列にまき、その10～14日後にミニダイコンのタネを中央１列にまく。ミニダイコンの本葉が２～３枚のときに株間10㎝、５～６枚で20㎝間隔になるように間引く。ジグザグに間引くと、隣同士の葉が当たらず、のびのび育つ。大葉シュンギクは本葉１～２枚で株間３㎝、３～４枚で株間６㎝に間引き、ミニダイコンが大きくなってきたら大葉シュンギクをどんどん株ごと収穫して、ダイコンにスペースを譲ろう。最初に大葉シュンギクが育っていることで、ミニダイコンが苦手な暑い日差しや虫から守れる。

無農薬で育ったダイコンの葉は、スーパーでは手に入らないもの。間引いた葉ダイコンを刻んでアツアツのご飯に混ぜたり、味噌汁の具にするとおいしい。

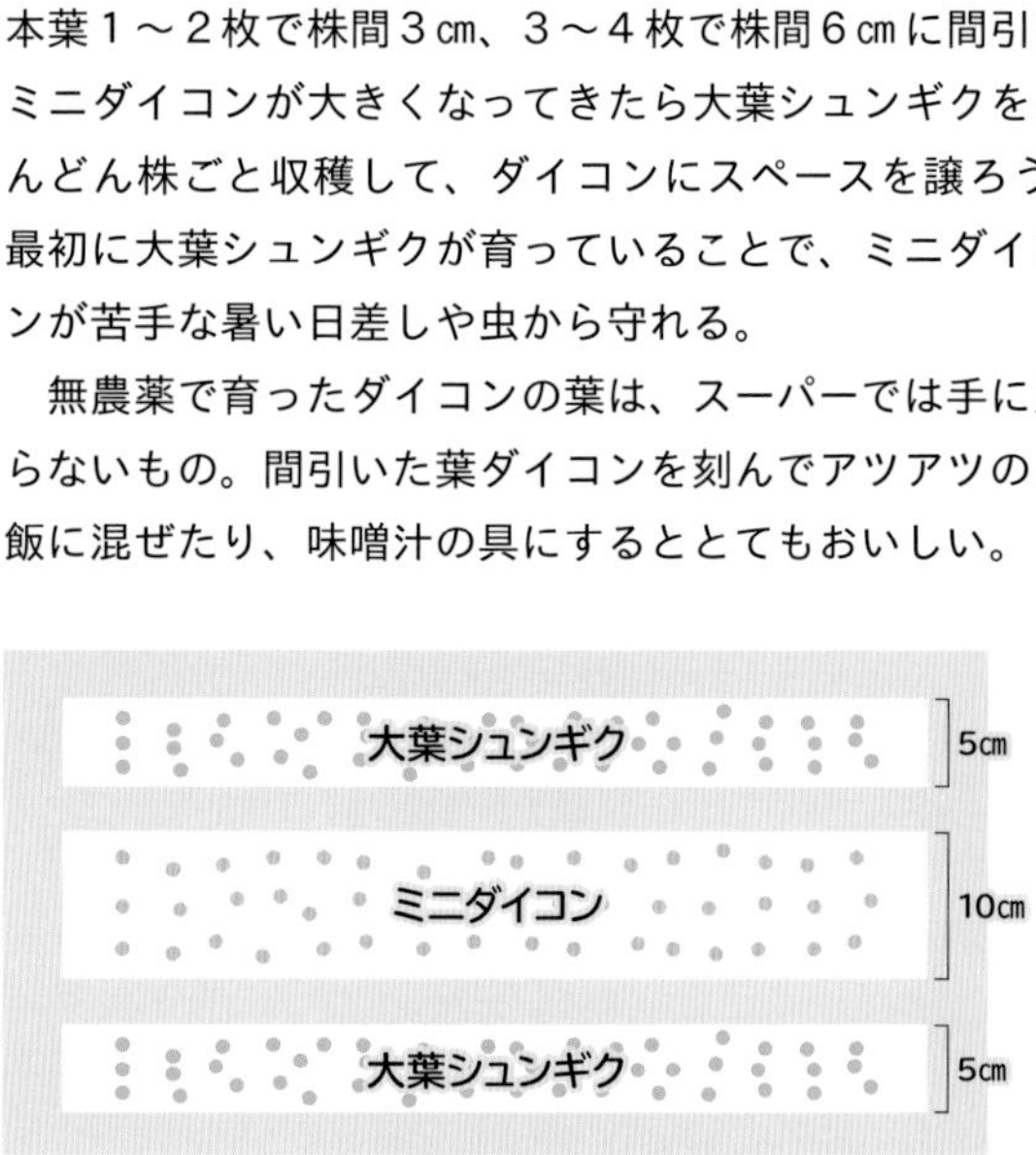

ソラマメ

土づくりが難しいソラマメは、プランターに向いている野菜。プランターの場合、水はけがよく、快適な空間をつくりやすいので、畑よりも背が高く、立派に育つ。

10月上旬から11月上旬、プランターの中央にソラマメの向きをそろえて2粒まき、両サイドにイチゴ苗を２株植える。ソラマメは間引いて１本にし、翌春、背が伸びてきたら３本の支柱を垂直に立ててヒモを渡し、枝をまっすぐ上に伸ばす。市販のあんどん支柱（アサガオ用など）を利用すると便利。枝を固定してまっすぐ上に伸ばすことで、ソラマメの実つきが格段によくなる。ソラマメとイチゴの混植でお互いに生育がよくなる。

エンドウ

9月中旬～10月中旬、アサガオ用などのあんどん支柱を立て、４か所にまき穴をつくり、１か所あたりスナップエンドウとオオムギのタネをそれぞれ４～５粒ずつまとめてまく。プランターの両サイドに幅10㎝のまき溝をつくり、ルッコラのタネを５㎜間隔になるようにまく。スナップエンドウとオオムギは、間引き不要。集団で絡まり合って越冬する。

２月と３月の２回、スナップエンドウとオオムギが一緒に育つ４か所の間に、中粒の発酵油かすを１個ずつ置く。アラブムシなどが多発した場合は、発酵油かすを取りのぞいて様子を見るよう。エンドウもルッコラも、初期に水が多いと根腐れしやすいため、春先は水やりを控えめに。エンドウの花が咲き始めたら、早朝たっぷり水をやり、夕方には土がやや乾くくらいが理想。

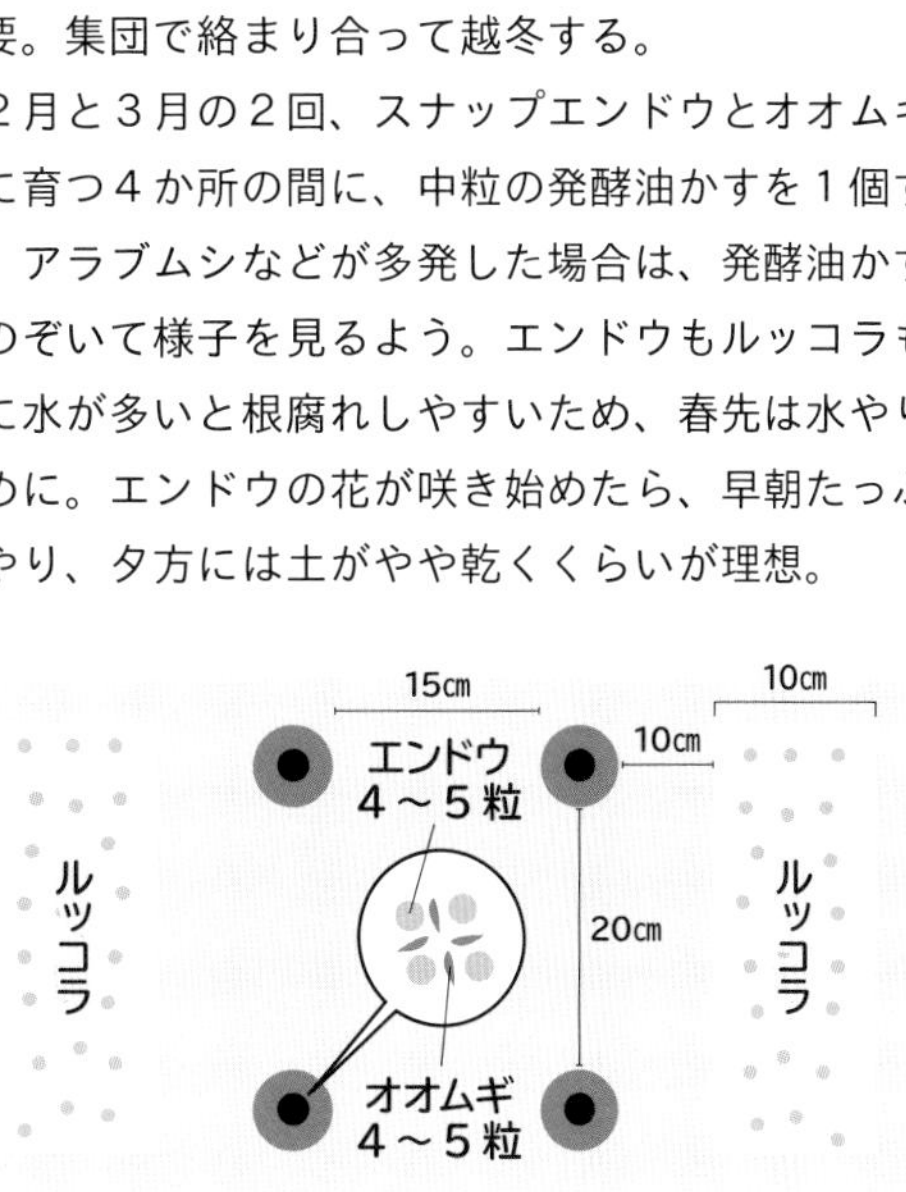

野菜が元気に育つプランターのつくり方

プランター栽培でいちばん重要なのが、「土の入れ方」です。空気と水の通り道をつくりながら、"多層構造の土"をつくることがポイント。プランター全体に水と空気がよく通り、上層にはおいしい野菜が育つ根っこが発達できる土づくり。野菜が自然に育つ環境をつくります。最初にちょっと手間をかけると、あとがラク。野菜が元気に育ってくれます。

用意するもの

- プランター
（土容量32ℓの底面給水タイプを使用）
- 野菜用の培養土 … 26ℓ
- 赤玉土 … 2.7ℓ
- 腐葉土 … 2.7ℓ
- ゼオライト … ひと握り
- バーミキュライト … ひと握り
- バットグアノ … 100～200g

1 赤玉土と腐葉土を混ぜて敷く

プランターの底に、赤玉土と腐葉土を1：1（1.5ℓずつ程度）で混ぜたものを3㎝ほど敷く。腐葉土は濡れると空気を通しづらいが、赤玉土と混ぜることで空気が通りやすくなる。

2 野菜用の土を深さ5㎝ほど入れる

野菜用の培養土（26ℓ程度）を使う。市販の培養土にぜひ加えたいのが、ゼオライトとバーミキュライト。この2つをひと握りずつ加えると、水や肥料を蓄える力や、水はけなど土のパワーがアップ。

ここがポイント！
バーミキュライトとゼオライトをプラスするとGOOD

3 空気と水の通り道をつくりながら少しずつ土を詰める

深さ5㎝ほど2の土を入れたら、5本の指を立てて土に穴をあける。空気を入れるイメージで、プランターのすみずみまで、まんべんなく穴をあけるのがコツ。手でギュッギュッと表面を押さえつけないこと。